名·家·启·迪·小·书·库

名家谈

刘秀红◎编著

思维

上

中国出版集团
现代出版社

图书在版编目(CIP)数据

名家谈思维(上) / 刘秀红编著. —北京 : 现代出版社, 2014.1

ISBN 978-7-5143-2126-5

Ⅰ. ①名… Ⅱ. ①刘… Ⅲ. ①思维科学 – 青年读物 ②思维科学 – 少年读物 Ⅳ. ①B80 – 49

中国版本图书馆 CIP 数据核字(2014)第 008568 号

作 者	刘秀红
责任编辑	王敬一
出版发行	现代出版社
通讯地址	北京市安定门外安华里 504 号
邮政编码	100011
电 话	010 – 64267325 64245264(传真)
网 址	www. 1980xd. com
电子邮箱	xiandai@ cnpitc. com. cn
印 刷	唐山富达印务有限公司
开 本	710mm ×1000mm 1/16
印 张	16
版 次	2014 年 1 月第 1 版 2023 年 5 月第 3 次印刷
书 号	ISBN 978-7-5143-2126-5
定 价	76. 00 元(上下册)

目 录

第一章　走进思维

第二章　思维方式

第三章　思想和思维

第四章　心灵感悟

第五章　转换思维方式

第六章　插上想象的翅膀(上)

第一章　走进思维

什么是思维？思维的奥妙又是什么？本章带领大家领略思维的真谛。

1. 思想思维：我们在追求什么

人的一生，到底在追求什么？我们每天辛苦的工作，为的是什么，好好的生活，过上好日子，其实很多人都可以在家乡发展，我有一个梦想，就是回到我那美丽的家乡去生活，那里很美，没有城市的喧嚣，没有社会的险恶，那里的人是纯朴的，在那里我会感觉什么都是美好的。

有时候我在想我们为什么来到这世界，难道就是让我们来打工的吗？

不是，我们是来享受生活的，每个人应尽自己的一份力，为社会工作。

你要相信自己不是来这世界打工的，你要有梦想，有目标，有信心，你要相信上帝不是让你来打工的，是让我们来生活的。

有一个美国商人坐在墨西哥海边一个小渔村的码头上，看着一个墨西哥渔夫划着一艘小船靠岸。小船上有好几尾大黄鳍鲔鱼，这个美国商人对墨西哥渔夫能抓这么高档的鱼恭维了一番，还问要多少时间才能抓这么多？

墨西哥渔夫说，才一会儿功夫就抓到了。美国商人再问，你为什么不待久一点，好多抓一些鱼？

墨西哥渔夫觉得不以为然：这些鱼已经足够我一家人生活所需啦！

美国商人又问：那么你一天剩下那么多时间都在干什么？

墨西哥渔夫解释：我呀？我每天睡到自然醒，出海抓几条鱼，回来后跟孩子们玩一玩，再跟老婆睡个午觉，黄昏时，晃到村子里喝点小酒，跟哥儿们玩玩吉他，我的日子可过得充实又忙碌呢！

美国商人不以为然，帮他出主意，他说：我是美国哈佛大学企管硕士，我倒是可以帮你忙！你应该每天多花一些时间去抓鱼，到时候你就有钱去买条大一点的船。自然你就可以抓更多鱼，再买更多渔船。然后你就可以拥有一个渔船队。到时候你就不必把鱼卖给鱼贩子，而是直接卖给加工厂。然后你可以自己开一家罐头工厂。如此你就可以控制整个生产、加工处理和行销。然后你可以离开这个小渔村，搬到墨西哥城，再搬到洛杉矶，最后到纽约。在那里经营你不断扩充的企业。

墨西哥渔夫问：这又花多少时间呢？

美国商人回答：十五到二十年。

然后呢？

美国商人大笑着说：然后你就可以在家当皇帝啦！时机一到，你就可以宣布股票上市，把你的公司股份卖给投资大众。到时候你就发财啦！你可以几亿几亿地赚！

然后呢？

美国商人说：到那个时候你就可以退休啦！你可以搬到海边的小渔村去住。每天睡到自然醒，出海随便抓几条鱼，跟孩子们玩一玩，再跟老婆睡个午觉，黄昏时，晃到村子里喝点小酒，跟哥儿们玩玩吉他！

墨西哥渔夫疑惑地说：我现在不就是这样了吗？

钱让我们失去了什么？

在现实世界中，在我们的工作中、生活中，每个人都会接触到钱，也都离不开钱，但每个人的金钱观却不相同。记得台湾学者高希均对此有过这样的精彩分析：现代社会中的一个病态是：大家在追求利润和财富的过程中，忘却了生命的意义，也糟蹋了自己的一生。

在大千世界中，有些人势利，他们过于计较价格，却过于忽视价值，我们称这些人庸俗，因为他们被金钱所奴役，他们用毁坏良心的手段去赚钱，又用毁坏健康的办法去花钱；有些人清高，他们过于计较价值，却过于轻视价格，我们会说这些人太累，因为他们被自己所谓正确的价值观所禁锢，他们已不属于这个现实的世界，他们既不会赚钱，也不会花钱。

现代人就应有现代人的头脑，我们要在这两个极端中取得平衡，不轻视价格，更重视价值。我们不把赚钱作为目的，但它必须是我们的手段。如果你计较了不该计较的价格，这正暴露出你的短见；如果轻视了某种价值，只能说你还不够成熟。

现实中，为什么志短的人如此之多？或许我们应为自己选一条最可靠的路来走，那么我们应该认清自己，适应社会，去实现自我。

我们要赚钱，但要赚得心安，赚得实在，不要走弯路，钱不是万能的，但没钱是万万不能的，在这个世界上有很多东西是用钱买不到的。

2. 学会责任思维：当你做错了时——从心里说对不起

人孰能无过，所以我们人人都应该学会道歉。真诚道歉不但可以弥补破裂了的关系，而且还可以增进感情。

道歉的方式各种各样，最常见和须注意的有以下几点：

（1）如果夫妻之间觉得道歉的话说不出口，可以用别的方式来代替。一束鲜花可冰释前嫌；把一件小礼物放在对方的餐桌上或枕头底，可以表明悔意，以示爱恋不渝；大家不交谈，触摸也可传情达意，这就是所谓的"此时无声胜有声"。

（2）切记道歉并非耻辱，而是真挚和诚恳的表现。大人物有时也道歉，邱吉尔起初对杜鲁门的印象很坏，但后来他告诉杜鲁门说以前低估了他，这是以赞誉的方式表示歉意。

（3）应该道歉的时候，就马上道歉，越耽搁越难启齿，有时甚至追悔莫及。假若你认为有人得罪了你，而对方没有致歉，那你应该冷静，不要闷闷不乐，更不要生气，也许对方正为如何道歉而不好过呢。

（4）你如果没有错，就不要为了息事宁人而认错。这种做法，对任何人都没好处。同时你要分清深感遗憾和必须道歉这两者的区别，有些事你可以表示遗憾，但不必道歉。

（5）用书面道歉。有时光嘴里说"对不起"是不够的。写在纸上比嘴里说的更有份量。你可以给对方写一封道歉的信，表达你由衷的歉意。

（6）给对方发泄心中不快的机会。让对方骂你，将心中的怒气发出来，是挽回友谊的好办法。否则不满淤积在胸中，数年不散，你与对方将永远难修旧好。

（7）夸大自己的过错。你越是夸大自己的过错，对方越不得不原谅你。

（8）采取补偿的具体行动。给对方送点小礼物，请对方一起吃饭等都不失为好办法。具体行动更能表现出你的诚意。

（9）赞美对方心怀宽大。大多数人受到赞美后，都会不自觉地按赞美的话去做。

3. 思维的区别

从前，有一个海岛，岛上有很多沉积了多年的大颗的珍珠，价格都非常昂贵。可谁也无法接近这个海岛，只有栖息在海岸附近的海鸟能飞行往来在这个岛上。很多人慕名而来，带有枪支弹药，捕杀飞回岸边的海鸟。因为这种海鸟每到白天都会飞到岛上去吃光如明月的珍珠。时间长了，海鸟渐渐地灭绝，即使剩下的几只也过得胆战心惊，只要一闻到人的气息，看到人的踪影，就会早早地逃走。

后来，来了一个很有智慧的商人，他在海岸附近买下大片的树林，并在树林周围围上栅栏，不让闲杂人走进他的树林。同时，他严厉告诫他的仆人，不许在树林里捕捉或驱赶海鸟，更不许放枪。于是，当海岸其它地方的枪声一响，就会有海鸟在惊慌逃窜中不经意闯进他的树林。时间一长，海鸟渐渐地都留在他的树林里栖息。它们也因此不必再为安全而战战兢兢。

等海鸟在他的树林里逐渐安定下来的时候，他开始用各种粮食果实等，做成味道鲜美的百味食物，撒给这些海鸟吃。海鸟贪吃百味食物，吃得十分饱满，就把肚中的珍珠全部吐了出来。日复一日，这个商人就成了百万富翁。

在对待一些问题上，人与人的思维只存在一种看不见的细微的区别，但是由不同的思维得出的结果却有着惊人的差别。

他是一位匈牙利木材商的儿子，由于从小生得呆笨，人们都喊他木头。12 岁时，他做了一个梦，梦到有个国王给他颁奖，因为他的作品被诺贝尔看上了。当时，他很想把这个梦告诉谁，但又怕人嘲笑，最后只告诉了妈妈。妈妈说，假若这真是你的梦，你就有出息了！我曾听说，当上帝把一个不可能的梦，放在谁的心中时，就是真心想帮助谁完成的。

男孩从来没听说过梦想和上帝还有这层关系。为不辜负上帝的希望，从此他真的喜欢上了写作。"倘若我经得起考验，上帝会来帮助我的！"他怀着这样的信念开始了他的写作生涯。三年过去了，上帝没有来；又三年过去了，上帝还是没有来。就在他期盼上帝前来帮助的时候，希特勒的部队却先来了。他作为犹太人，被送进了集中营。在那里，数百万人失去了生命，而他却靠着"生存就是顺从"的信念活了下来。

"我又可以从事我梦想的职业了！"他怀着这种心情走出奥斯维辛。1965 年，他终于写出他的第一部小说——《无法选择的命运》；1975 年，他又写出他的第二部小说——《退稿》。接着他又写出一系列的东西。就在他不再关心上帝是否会帮助他时，瑞典皇家文学院宣布：把 2002 年的诺贝尔文学奖授予匈牙利作家凯尔泰斯·伊姆雷。他听到后，大吃一惊，因为这正是他的名字。

当人们让这位名不见经传的作家谈谈获奖的感受时，他说："没有什么感受！我只知道，当你说，我就喜欢做这件事，多困难，我都不在乎。这时，上帝就会抽出身来帮助你。"梦想皆有神助！在新世纪里，伊姆雷成为第一位证明人。预言家说，还会有第二位，就藏在有梦想的人中间。

4. 真实世界只是个借口

"在真实世界里面行不通。"当你告诉别人一个新想法时，这是你经常听到的。

初步探讨一下，你将发现。"真实世界"的居民充斥着悲观主义和失望。他们期望新观念失败，他们设想社会没有准备好变革。

更糟的是，他们想将别人拖进他们的坟墓。如果你是充满希望和野心的人，他们会试着说服你，你的想法是不可能的。他们会说你在浪费时间。

别去信他们，那种世界也许对于他们来说是真实的，但并不表示你一定要生活在其中。

我们知道这些，是因为我们的公司在真实世界的测试中以各种方式失败。在真实世界里，你不能拥有超过 10 人的雇员遍布在两大洲、八个不同城市。在真实世界里，你不能在没有任何销售人员和广告的情况下吸引成千上万的客户；在真实世界里，你不能向社会的其他人显露你成功的公式。但是，我们已经做了那些事情并且成功了。

真实的世界不是一个地方，而是一个借口，是为毫无尝试而辩护。这对你没有任何好处。

5. 不要过早地纠缠细节

建筑师不会在平面图完成之前，去管哪些瓷砖进了浴室，哪个牌子的的洗碗机进了厨房。

你需要用同样的方法处理你的想法。细节决定差异，但是，过早地纠结于细节，会使你迷失在不重要的事物中。所以，要忽略细节，首先要抓住基础的，然后才是特殊的。

当我们开始设计时，拟定一个大想法，用铅笔而不是圆珠笔。为什么？圆珠笔很好，辨别力强。它们让你去担心一些并不用担心的事情，就像去完善底纹或者虚线、短划线。你最后只会去关注不该关注的。

铅笔不可能让你去深究细节。你只能画画形状、线条、盒子，那就很好了。大方向才是你一开始就该在意的。

就像漫画家在创作时有一个原则：先要"忘记细节"，细节在早期不能为你带来什么。

6. 做决定即是进展

当你拖延做决定时，它们会堆积起来。堆积后就会被忽略，草率处理，或者被弃掉。结果，那一堆问题没有一个得到解决。

无论何时，你都能把"让我们想想"换成"让我们决定吧"。不要去等完美的解决方案，决定了就前进。

你要抓住做选择的节奏。当你做决定做顺了，你就建立了良好的势头、增强了气势。做决定是有进展的，每一个决定都能为你打好基础。你不能靠"我们待会儿再做决定"办成事，而是靠"已经做好了"。

有这样一个例子：很长时间，我们避免为我们的产品做联盟计划，是因为完美的解决方案很负责，要有自动付款系统、电邮支票、为海外分支搞清楚国外税收政策等等。如果当我们问道："有什么是我们现在容易并且能立刻做到的事情？"我们知道答案是：支付联盟用信用点数而不是现金。这就是我们所做的。

我们处在这样的情况有一阵，最终还是用现金支付。很大部分是因为这个：你不用永远都在做决定。如果你犯错了，可以稍后改正。

你计划了多少不重要，无论如何你都会犯错。现在你正在做事时，因为过度分析和推迟而把事情弄得更糟。

7. 用柔道的方法解决问题

很多人很享受用复杂的方法解决事情：锻炼智力的过程很过瘾，然后，你开始寻找另一个可以让你冲刺的大挑战，也不管它是否是个好主意。

更好的做法是：找到一个类似柔道的解决办法，能事半功倍，因为柔道高手都是借力打力、使巧劲的高手。这种迂回的做法让你付出少、收获大。

其中一个意思是说问题是可以商量的。比如，你想挑战一下鸟瞰的感觉。一种方法是你爬上珠穆朗玛峰，那是很有野心的做法。但是，也可以坐着电梯登上一座高楼，这就是柔道的做法。

问题通常可以用简单或世俗的方法解决。这意味着不需要什么独特的做法，你不需要秀出你令人惊奇的技巧。你只需要做好事情，让其有进展。这样做，你不会赢得别人的惊叹，但是，可以让你的事情继续下去。

看看政治竞选。一个大事件冒出来，第二天政治家就放出关于它的广告。广告不精良，他们用照片而不是现场直播，他们用静态的、纯文本的标题而不用漂亮的动画图形，唯一的声音来自于看不见的解说员的旁白。尽管这样，这种广告还是足够好的。如果他们拿几个星期来完善它，那就太迟了。这种情况下，及时比润色、质量更重要。

如果做得足够好就能把事情做完，那就继续。这个方法比起浪费资源要好，或者更糟，什么都没做，因为你解决不了复杂的状况。记住，你可以稍后把做得足够好变成做得非常棒。

8. 谋略思维：犹太人的谈判策略

谈判是政治、外交或商业经营中常见的一种方式，对于明确合作、排解纠纷和获取利益等具有重要作用；同时，又是一场没有硝烟的战争，三言两语说得好能皆大欢喜，千言万语说不好会闹得不欢而散。有"世界商人"美称的犹太人深谙谈判之道，凭借不凡的见识、过人的智慧和出众的口才，每每在谈判桌上大获成功。

胸有锦绣　口若悬河

在社交场所或谈判席前，犹太人能够幽默风趣，随机应变，对答如流。其实，他们都不是天才，关键是他们充分做好了谈判前的一切准备。犹太人认为，从容不迫、应对自若，就能够随心所欲地控制谈判气氛，但前提和关键是付出艰辛的前期准备，尽可能地作好大量的背景资料。

作为犹太人的杰出代表，基辛格被称为 20 世纪最杰出的谈判专家。在谈判前，他非常注重做好周密的事前准备和掌握详尽的背景资料。为了实现中美关系的正常化，基辛格曾赴我国访问。临行前，他照例要求有关人员进行彻底的调查。他的部属根据多方面提供的资料加以反复审核修正后提交了一份报告。这份报告除了核心的中美问题以外，还包括美苏、中苏、中印、中巴关系等翔实材料，基辛格在赴北京的前一周将这份报告呈尼克松审阅，并另外附上他自己所作的详细分析和综合评述。事实上，即使对中美关系不甚了解的政治家，只要读了这份报告，就会成为卓越的内行。为此，基辛格总结为："谈判的秘密在于知道一切，回答一切。"在他看来，事先调查谈判对手的心理状态和预期目标，正确判断双方对立中的共同点，才能胸有成竹，不会让对方有机可乘；相反，不知根底，在谈判时优柔寡断，不能立即回答对方的问题，会给别人权限不够或情况不熟的印象。

犹太人这种充分作好谈判前准备工作的方式，在世界商界和外交界都获得了广泛的重视和普遍的认可，是一种"凡大事谋定而后动"的成熟智慧。现实中，有许多人太愿意成为一个成功的谈判专家，可是却太不愿意去承受想成功之前必须要去经历的艰辛和努力，又怎会不半途而废呢？

提领而顿　百毛皆顺

犹太人主张，在谈判中，要尽量和有决定权的人谈判。为什么呢？因为在他们眼中，每一个组织都有等级制度，平稳地和每一个等级人员交涉谈判，一级一级地，直到满意为止，这是低效率和浪费时间的行为。高阶层的人掌握更核心的决策权，谈判的级别越高，越能满足自己的要求。

因此，如果他们考虑要和某一个人打交道，首先会弄清楚：他是什么职位？他能做哪种程度的决策？谈判开始时，精明的犹太人会很礼貌地向对方询问："您能帮助我解决这个问题吗？"或者说："您能够决定达成我们的共识吗？"如果回答是否定或犹豫的，他们会找借口来终止谈判，立即再找其他的高层人物。在 20 世纪 60 年代的中东和谈中，以色列的领导人排除很大困难，要求与美国总统直接面对面和谈。当美国终于同意遵循中东和平方案时，他要求卡特总统做出承诺，卡特总统最后只好说：我无权做一个明确肯定的国家承诺，但是我个人保证，如果美国的议会不批准这个合约，我就辞职。对此，犹太人终于达到了目的，在谈判时，犹太人也明白没有人有绝对的决定权，所以，他们只能寄希望于那些有适当或有相当权力的人谈判。有了协定之后，犹太人就会尽力执行，兑现他们的承诺，为自己千辛万苦争取到的权益提交满意的注解。

在谈判中，犹太人学识渊博，简直跟博士一般。即使吃饭时，他们的话语也会滔滔不绝，从不让人觉得冷场。当犹太人向人讲述某海域特有鱼群的名字、汽车的构造、植物的分类和品种……对方会以为他们是这方面的专家。

犹太人的博闻强记并不是天生的。他们一方面精于心算，另一方面又非常勤奋，时时动笔。只要是看中的东西，他们都要记录，以增加他们的知识。犹太人爱做纪录，却并不随身携带笔记本。而是买到香烟抽完后，把烟盒里的锡箔纸抽出来，在背面做记录，给人很随意的感觉。回家后，他们还要重新整理。在谈判中，犹太人也是用这样方法做记录。日期、金额、期限、地点，样样都清晰明白，没有失误。谈判中的这种记录实际上是犹太人商业交易的备忘录。一次，犹太人和日本人洽谈了一笔合同。"好像谈判时交货日期定的是某月某日，先生您记得有误吧？"时间一到，对方想拖后耍赖。犹太人微微一笑，说道："是吗？也许我们记错了，可这张记录是这样的。"在清楚地记载着时间、地点、见证人、谈话内容的原始记录面前，对方哑口无言。

广博的知识对犹太人而言，不仅是用来作为谈话的资料和改变谈话的气氛，更重要的是知识可以开阔他们的视野，使谈判更准确、更实际，从而选择最佳解决问题的途径。因此，犹太人在谈判中很少吃亏。

9. 辩　　证

在中国辩证法大概是人们几十年来最熟悉的思考问题方法，但恐怕也是被误解得最严重的方法。在生活中经常能听到有人说一件事情要"辩证地"看，平常所说的"辩证地"看问题大概是说事情总是在变化所以事情都没准的，或者，一件事情不能绝对地说是好还是坏，因为每件事情都是又好又坏的。这些都是对辩证法的屈解，它把辩证法搞成了变戏法。最糟糕的是，当有人说到要"辩证地"看问题时，往往无非是想为自己的无能和错误作辩解，一旦事情搞砸了，工作没做好，就可以说从辩证的角度看，坏事其实也是好事。这是典型的颠倒黑白。

辩证法本来最初的意思是在对话辩论中互相批评从而促进认识，它是古希腊的发明。古希腊的政治主要形式是在广场（agora）上对城邦大事进行公开辩论，正是广场政治创造了辩证法。因为是公开辩论，人们就被迫要讲理，如果不讲道理就会被视为无赖，不讲理者得不到大家的支持，因此绝无胜算。无理就出局，这一点决定了逻辑和证据的重要性。因此，辩证法的意思是讲道理、讲逻辑、讲证据的对话辩论，在各种道理之间的对话、论证、比较和改进中，人们能够获得比原先意见更为合理的观点。在某种意义上，辩证法是一种思想的比赛，各种观点通过比赛而得到提高和改进，就像运动员通过比赛而水平得到提高一样。

后来，黑格尔对辩证法的重新理解改变了辩证法的意义，他对辩证法的屈解曾经一度被认为是一个大大的发展。不过从今天的观点来看，黑格尔式的辩证法是荒唐的。辩证法本来只是对话博弈模式，而黑格尔却把辩证法说成思维规律，进一步又说成世界规律。最离奇的是，黑格尔还把辩证法搞成历史发展规律，他相信辩证法能够解释历史有个最终目的和终点。这些都是没有科学根据又不符合逻辑的幻想，其中的灵感恐怕更多地来自基督教而不是古希腊本来的辩证法。

黑格尔辩证法中有一个经常遭到嘲笑的看法，就是认为事物总是经过三个发展阶段才能完善。为什么非要"三个"阶段而不是更多或更少的阶段？实在缺乏理由和证据，属于奇谈怪论。事物其实有可能一开始就已经完善，也可能经过无数个阶段还不完善，这根本没有准儿。黑格尔在谈到世界文明时，认为以中国为代表的东方文明是最低阶段，古希腊古罗马文明是第二阶段，而德国文明则是最完美的第三阶段。这是黑格尔辩证法的最荒谬的应用，恐怕除了黑格尔自己，很少有人相信这一说法，每一种文明按自身的标准都可以把自己排在最完美的阶段，可见这种辩证法毫无学术意义，只是一种虚构故事。

黑格尔辩证法最严重的错误是以为辩证法既是思维的规律又是事实世界的规律。由于混淆了思想和事实这两类问题，那些辩证法规律就尤其莫名其妙，例如有一条规律说的是一切东西又对立又统一。黑格尔以为"对立"能够把思想中说的"矛盾"和现实世界中的"冲突和差别"概括在一起，其实这两类性质的差异是毫厘千里，思想中的

"矛盾"说的是两个反对命题不能同时为真,比如说"黑格尔是人"和"黑格尔不是人"这两句话只能承认其中一句,不能两句皆可。现实中的冲突和差别却要求双方一定要并存才有意义,比如"贫与富"、"好与坏",我们不能只承认其中一种,而必须两种都承认。如果把这两类根本不同的性质概括在同一条"规律"中,结果不是搞乱了思想就是搞乱了现实。

10. 唯 美

哲学特别喜欢完美的、理想的、绝对的、普遍的、总体的东西,这些东西让人踏实放心,让人觉得一切事情都有根据,都有规律,因此世界和生活才是可靠的,才可以安身立命。但是,那些完美的、理想的、绝对的、普遍的、总体的东西都是看不见摸不着的,所以只能想象。

哲学给人类想象出来一些让人觉得可以安身立命的根据和原理。不过,哲学的想象与一般意义上的想象有些不同,它不是幻想一些满足心理需要的事情,缺什么想什么的那种,也不是想象一些超现实的奇异事情,什么不靠谱就想什么的那种,哲学想象的是能够解释一切、覆盖一切、纵观一切的东西,就是按照最大的尺度去想象的那种东西。

只有最大的想象才足够安顿一切事物,这种最大的想象语境就是形而上学,它是理解和解释世界的原理,是关于如何容纳安放一切事物的原理。这一点也使哲学的想象区别于宗教的想象。宗教也是对世界的想象,但它不是为了理解世界,宗教是要为事物建立一种甄别标准,不是用来安顿万物,而是用来驱逐和消灭某些事物,那些不合宗教价值观的事物,如果说哲学提供了理解一切事物的理由,那么可以说，宗教提供了反对某些事物的理由。

万物的形而上学原理是如何想象和构造出来的？虽然哲学家们所想象的万物原理的具体说法各有不同，但想象的方法论却是一致的，形而上学的方法论是唯美主义，就是说，世界和万物原理是按照美学标准去想象的。这不是因为哲学家对美更加敏感（显然并非如此），而是最为自然而然的一种选择，别的选择才需要特别的解释。哲学家选择了唯美主义标准去构造形而上学，其理由说破了很简单，既然我们没有办法获得关于世界和万物的总知识，而只能去想象，那么，美学尺度就是最让人舒服的，美学标准正是人们最喜欢的生命感觉和生活经验的形式。人们以对称、均衡、循环、多样统一、和谐等唯美标准去想象万物原理，这些美学形式不仅是人们喜欢看到的，同时它们与人们对生活的追求，比如公正、稳定、安全、生命、丰富和幸福，也是一致的。

当以美学标准去想象万物原理，感觉的原则就转换为存在的原则，我们就构造了一个向我看齐的世界，一个让我们安心放心舒服愉快的世界。哲学家们一直都以唯美主义原则想象万物原理，但未必反思到了这一秘密，不过维特根斯坦是知道这一秘密的，在他看来，形而上学，还有伦理学和美学，都显示了超越性，在根本上都是一致的。可以说，形而上学是一种特殊的美学。

既然关于世界万物的形而上学只是一种想象而不是知识，那么它就不需要是真的，也无所谓真值，无所谓真假。换句话说，形而上学没有必要与世界相似。但是有一个问题，形而上学所想象的万物原理却是知识的基本假设，它们是人类全部知识的必要假设，知识就建立在那些不可证明的假设之上，这样想来，事情就有些严重了，我们似乎有理由去担心所谓的知识和真理其实是不可靠的，知识的根源一直是哲学的一个难题，先不管它，我们只要搞清楚形而上学并非真的是万物之理，而只是思想之理就可以了。

形而上学的万物原理所起的作用有些类似于逻辑的作用。逻辑规律只是思想的规律，并不是事物的规律，所以逻辑与事物并不很像，比如说，矛盾律就仅仅是思想所需要的逻辑条件，真实世界的万物并不构成矛盾，最多存在着差异和冲突。矛盾的东西不能同时为真，而冲突的东西却可以同时为真。同样，排中律就更是思想的独特原则，真实世界只有无间断的变化，也就不能要求非要排中不可，一个事物完全可以既是这样又不是这样的，只有观念才不可以是两可之辞。与此类似，形而上学的万物原理也不一定符合万物的真实情况，齐一律（uniformity）断言万物具有统一性，这很有用，因为只有把万物看成是统一的，科学知识才得以成立，准确地说，归纳的经验知识才得以成立，因此，我们非常需要这一假定。至于万物是否如此，不得而知，因为要证明这条原理也只能通过归纳去证明，这会搞成循环论证，而且，对万物进行全体归纳也是不可能的，又比如说，同样作为经验知识基础的因果。

其实也是一个形而上学假定，同样无法证明，甚至，在一个事物的各种存在条件中，哪一个条件算是原因，也是我们想象和约定的，因为事物存在的每个条件都同样重要，它们本身比不出高低来。所谓原因，往往只不过是我们觉得构成问题的那一个条件，如此而已。

总之，世界观是我们的美学想象。

第二章　思维方式

　　人在遇到事情的时候总会以一种自己独有的思维方式去看待问题，正确的思维方式可以使我们对事情有个正确的判断，错误的思维方式则会使我们进入误区，造成预想不到的错误。

1. 人的三种思维方式

　　人的思维方式有三类：感性、理性、悟性。

　　感性是人的器官直接对外界事物的反应程度；理性是人把握事物的本质，机制，规律；悟性是人的心灵开放的程度。

　　感性是指感觉上的认知；理性是逻辑上的抽象与总结；悟性是在理性中所隐含的更高级的感性。

　　感性是基于感觉，以感生情，以情生感的具象思维或形象思维；理性是基于事实，探索规律，揭示原理，包括归纳和演绎的逻辑思维，遵循形式逻辑和辩证逻辑的规律；悟性基于内心的省悟和人生的感悟。

　　感性含感觉、直观、表象等诸层次，具有直接性、具体性、生动性、多样性等特点；理性含概念、判断、推理等诸形式，具有间接性、抽象性、深刻性、统一性等特点；悟性作为感性与理性的统一，是直接性与间接性、具体性与抽象性、生动性与深刻性、多样性与统一性的融合。

感性是探索情感世界秘密的思维方式；理性是人类认识客观世界的思维方式；悟性是探索心灵世界秘密的思维方式。

感性是不需要逻辑思考的，凭后天经验直接短路的判断；理性是需要经过深思熟虑，充分参考客观规律得出判断；悟性就是讲的所谓天赋，先天的对后天事物认知能力。

感性用以情感世界，属于艺术领域；理性用以客观世界，属于科学领域；悟性用以心灵世界，属于信仰领域。

感性追求的是美；理性追求的是真；悟性追求的是善。

感性属情；理性属知；悟性属意。

感性就是敏锐的观察力、感知力和洞察力；理性能把感性转化为理性，把具体转化为抽象，把繁杂转化为简单；悟性就是冥思、静想能力，是人的"顿悟"的能力。换言之，是一个人的求异性思维和发散式思维力，直接体现为创新，即原始创新的能力。

一见生情是感性；坐怀不乱是理性；举一反三是悟性。

"春城无处不飞花"是感性；"万紫千红总是春"是理性；"红杏枝头春意闹"是悟性。

感性如悟能，凭本能和直觉行事，是对外部事物的情绪化应对，使人显得晶莹剔透；理性如悟净，懂得克制自己的情绪，遇事冷静、不冲动，使人理智、成熟；悟性如悟空，是一种超现实的反映形式。面对复杂多变的事件，能够用哲理的"火眼金睛"把事物的本来面目看穿，能够随时"跳出三界外，不在五行中"。这是悟的最高层次。

尊重感性；立足理性；追求悟性。

感性是基础；理性是黄金；悟性是钻石。

握好感性；坐准理性；用好悟性。

感性需要理性的约束；理性需要感性的滋养；悟性需要感性和理性的活力。

靠感性感知精彩世界，靠理性建造坚实的基石；靠悟性抓住成功的机遇。

2. 另一只眼看世界

记忆：想要遗忘却又常常被记起的现象。

爱情：因感情泛滥而产生的莫名波动。

家庭：常常想要远离但终归还是留恋的场所。

童年：捏着一块钱感觉是笔不小财富的年纪。

你我他/她：在感情碰撞中不可避免的代词，且常常受伤的是前两者。

滚开：弱者为了掩饰自己的无能而发出的呻吟。

现实：一种与想象截然相反的生活。

放弃：当行进的方向错误的时候，这就是进步。

陌生人：因为过于了解从而受伤因此沦为陌生的人。

朋友：不是敌人，有过一面之缘后的称呼。

好朋友：希望在第三方面前表现出两人关系很密切时所用于介绍时的称谓。

自我：可悲的理想主义者，常被人用装模作样、自大狂、怪胎等词汇来描述。

我们：一个理想化的美好字眼，常挂在嘴边，却永远都不会成真。

你们：永远与我无关。

誓言：说的不切实际，听的人当真话。

谎言：一件假的事，说的人当真话来讲。

悲剧：分两种，一种是得不到想要的，另一种是得到了不想要的。

那个人：每个人心都会有的一个词，唯一的，多读几遍，也许会快乐亦或忧伤。

安慰：可以让痛苦更清晰而且加倍的行为。

3. 不识庐山真面目，只缘身在此山中

一场危机就是一次机会，一次跌倒就是一次磨炼，人的心态决定了人的精神境界，学会转换角度看问题，就能不断地发现新世界。

每当读到苏东坡的诗词，心中总有一种豁然开朗的感觉。纵观他的作品，七言古诗是他最为得心应手而且意境深远的诗作，然而仔细品读，苏诗另有一绝。在宋朝诗坛上堪称独步的，就是他的七言绝句。与波澜壮阔、气象万千的七言古诗相比，他的那些清新脱俗的小品诗更有高雅优美的内涵。

苏东坡在一千多年前偶然行游至江西卢山西林壁，有感于山势之奇美而写下了《题西林壁》一诗："横看成岭侧成峰，远近高低各不同。不识庐山真面目，只缘身在此山中。"此诗的后两句传诵久远，因为它以浅白的语句讲出了一个含义深刻的人生哲理。

开头两句"横看成岭侧成峰，远近高低各不同"，这是作者游山所见。庐山是一座丘壑纵横、峰峦起伏的大山，游人所处的位置不同，看到的景物也各不相同。后两句"不识庐山真面目，只缘身在此山中"，犹如画龙点睛，说出了游山的心得。为什么无法看到庐山的真实面目呢？因为作者自己身在庐山之中，他的视野被眼前的峰峦所局限，看到的只是庐山的局部。观山所见如此，分析事物的本质、辨别正邪也是如此。

由于每个人所处的生活环境不同，个人修养的程度不同，所以每

个人的精神境界也不一样。对于一个相同的事件，每个人的反应不同，其看法评价也不一致。这两句诗给人们提示了一个哲理：由于人们所处的地位不同，看问题的出发点不同，对客观事物的认识都有一定的片面性；只有跳出自我的小圈子，以旁观者的身份冷静观察，才能认识事物的真相与全貌。

人生犹如行路，有时可能走入死胡同之中，怀疑前途无路，因此心神不安。此时如能转换自己的视角，也许就能看到一片新的天地。如果只是低头行路，难免遇到山穷水尽的境地，而此时转换思维，抬头看天，就能发现另一种婉转的自然之美。

红尘迷失之中充满了各种诱惑，使人们误以为吃喝玩乐、追求名利是人生唯一的乐趣。然而，生老病死如影相随，痛苦与挫折无法避免。一场危机就是一次机会，一次跌倒就是一次磨炼，人的心态决定了人的精神境界，学会转换角度看问题，就能不断地发现新世界。

苏东坡所写的这首哲理诗，不是抽象地发表议论，而是紧紧地围绕着游山写出了自己独特的感受。借助庐山的形象，用通俗的语言深入浅出地表达了人生哲理，让人感觉亲切自然，耐人寻味。一首好诗，胜过一盘美餐，历经千百年，仍然让读者回味无穷。

4. 跳出认知扭曲的怪圈

当人的情绪处于焦虑或抑郁状态时，人的思维往往缺乏逻辑性，出现消极情绪或行为异常。造成这种心理上的认知错误，大体有 8 种现象：

（1）走极端：这种现象表现为走极端，非此即彼，不是白就是黑。这种人一遇挫折便有彻底失败的感觉，进而觉得自身已不具任何价值,失去自信。

(2)变色镜:有的人遇事总想消极的一面,就像戴了一副变色镜看问题,滤掉了所有的光明,整个世界看起来暗淡无光。

(3)公式化:认为事情只要发生一次,就会不断重现。生活中遇到困难与不幸,即认为困难、不幸会重复出现。

(4)疑心病:有些人无事生非,终日担心自己将大病临头,遇事往往自我断论,主观猜疑,杞人忧天。

(5)谬推断:有的人把一般性过失、欠缺、挫折和困难看得过于严重,似乎做了不可逆转的错事。生活中总是过分夸大自己的不足和过低估计自身的长处。

(6)失锐气:这是一种人为的情绪失调,把别人的真心赞美当作阿谀奉承,对正常的人际关系想入非非,毫无根据地自怨自艾或愤世嫉俗,导致本来松弛的情绪变得紧张。

(7)自卑心:有的人总是主动承担别人的责任,并且妄下结论,认为一切坏的结果都是自己的过失和无能所致。此种变形的自卑、内疚心理,来源于人格的变形和过分的责任感及义务感。

(8)消极化:有的人把自己的不良感觉当成事实的证据,如:"我有负罪感,那么我一定是干了什么坏事","我觉得力不从心,那么我一定是'低能儿'"。尤其情绪低沉时,这种感觉推理特别活跃。

以上的错误认知,导致了许多人陷入抑郁困境而不能自拔。抑郁症在西方社会被称为"精神上的流行性感冒",其传播范围之广,受其影响之容易,可以从"流感"二字看得出来。

消除抑郁,除了药物治疗之外,还可使用一种由精神病专家艾伦·贝克博士倡导的认知心理治疗手段,就是让抑郁者自己调节自己的情绪,逐步改善心境,从而使生活重归欢乐。

抑郁者要想消除抑郁情绪,首先应该停止对自身及周围世界的埋怨，明确自己的认知错误，来源于以感觉作依据来思考问题。因为感觉不等于事实。每当你焦虑抑郁时，切记以下5个关键步骤：

（1）瞄准那些自然消极的想法，并把它们记下来，别让它们占据你的大脑。

（2）读一遍本文提及的8种认知扭曲的模式，准确地找出你是怎样曲解事实的。一定要击中要害。

（3）用更为客观的想法取代扭曲的认知，彻底驳斥那些让你自己瞧不起自己、自我寻找烦恼的谬论。一旦开始这些步骤，你就会感到精神振奋，自尊心增强，无价值感就会烟消云散。

（4）制定切实可行的日常活动表，每天结束后填写回顾、分析日记，既能使你摆脱不愿活动和不想做事的处境，又能给你带来活动后的满足，逐步消除懒怠与内疚。

（5）学会自我称赞，自我欣赏，坦然对待不良刺激，以保持情绪稳定，心境良好。

矫正不合逻辑的思维方式，改变认知错误现象，不是轻而易举的事，而一旦你对周围事物能做客观的分析后，对现实生活就有了正确的领悟。那么，你将置身于一个充满积极向上情感的世界中，心情会豁然开朗。尽管生活中还存在着这样和那样不尽如人意之事，但不会由于一时的认知偏差，造成感情挫伤，失去对生活中美好意境的追求。

5. 受用一生的价值观

圣诞节临近，美国芝加哥西北郊的帕克里奇镇到处洋溢着喜庆、热烈的节日气氛。

正在读中学的谢丽拿着一叠不久前收到的圣诞贺卡，打算在好朋友希拉里面前炫耀一番。谁知希拉里却拿出了比她多十倍的圣诞贺卡，这令她羡慕不已。

"你怎么有这么多的朋友？这中间有什么诀窍吗？"谢丽惊奇地问。

"诀窍吗……就是要学会真诚、热情地欣赏别人。"希拉里给谢丽讲了两年前她的一段经历"那是个春天，一个暖洋洋的中午，我和爸爸在郊区公园散步。在那儿，我看见一个很滑稽的老太太。天气那么暖和，她却紧裹着一件厚厚的羊绒大衣，脖子上围着一条毛皮围巾，仿佛天上正下着鹅毛大雪。我轻轻地拽了一下爸爸的胳膊说："爸爸，你看那位老太太的样子多可笑呀。"当时爸爸的表情显得特别的严肃。他沉默了一会儿说："希拉里，我突然发现你缺少一种本领，你不会欣赏别人。这证明你在与别人的交往中少了一份真诚和友善。"

当时我觉得爸爸有些小题大作了，就很不服气地问爸爸："你难道不觉得那位老太太的样子很可笑吗？"

爸爸说："和你相反，我很欣赏那位老太太。"我听了以后惊讶极了。

爸爸接着说："那位老太太穿着大衣，围着围巾，也许是生病初愈，身体还不太舒服。但你看她的表情，她注视着树枝上一朵清香、漂亮的丁香花，表情是那么的生动，你不认为很可爱吗？她渴望春天，喜欢美好的大自然。我觉得这老太太令人感动！"

这时，我仔细地看了一下，那位老太太确实像我爸爸说的那样，眼睛中闪动着某种渴望，荡漾在她脸上的笑容掩饰不住她内心的喜悦。爸爸领着我走到那位老太太面前，微笑着说："夫人，您欣赏春天时的神情真的令人感动，您使这春天变得更美好了！"

那位老太太似乎很激动："谢谢，谢谢您！先生。"她说着，便从提包里取出一小袋甜饼递给了我。"你真漂亮……"

事后，爸爸对我说："一定要学会真诚地欣赏别人，因为每个人都有值得我们欣赏的优点。当你这样做了，你就会获得很多的朋友。"

听了希拉里的故事，谢丽深受感动和启发。

时间过得飞快，转眼又是一年圣诞节即将来临的日子。这天，希拉里正在家中忙着布置圣诞树，满脸惊喜的谢丽突然跑了进来，紧紧地抱住希拉里，说："谢谢你，今年我收到了82张圣诞贺卡，比去年的10倍还多！""再算上我这一张！"希拉里将一份印刷精美的贺卡递给了谢丽，上面写着这样的话：欣赏是架起友谊的桥梁，愿你我都能学会真诚地欣赏别人。

希拉里一直牢记着父亲的教诲，从中学到大学，直到走向社会，她的人缘一直都很好，无论走到哪里，她都是大家围绕的中心，直到今天，她仍然是美国，乃至全世界都关注的风云人物。

其实，欣赏决不只是表面上的简单地赞美别人，更是一种能够折射出一个人美好心灵的积极的思维方式。只有拥有春天般美丽心灵的人，才会真正领悟到春天的美丽，心中有阳光，眼前才会亮。纯洁的思想，可使微小的行动变得高贵。

学会欣赏别人，就会养成一种积极的思维方式，它可以使你受用一生。

6. 开悟·渐悟·顿悟与渐修

关于自悟，本属佛学禅宗的要义之一，它的主体包括开悟、顿悟和渐悟三种不等的完成过程。我们比较好了解的开悟的意思就是，你若能发觉自己的错误了或发现某件事物的处理方法了，那么这就是开悟。至于渐悟的意思，顾名思义，本来不明白，经过别人提醒或自己想了又想，渐渐地明白了，那么这就是渐悟。如果一下子就明白了，同样的一切也都明了了，则属于顿悟。具体地说，开悟是要时间的，而其时间又因人因实际情况不同而不同，所以禅宗才以顿悟与渐悟将其区分开来。无疑，在自悟中，顿悟是心眼多的人之所求。相比之下，渐悟则比前者被动多了。

为什么同样一个问题，有的人一下就能解决，有的人一时反应不过来，要说"请容我想想"。因为前者感觉自己已经自悟了，而后者则像我们平时所说的"还未开窍"。事实也就是这样，我们很多人在平常就像是一颗蒙上泥尘的明珠，本来可以看到无限的光明，只是有泥蒙着我们的心眼，所以，得不到发光的机会，而这所谓的"泥"，也就是我们在还没有真正醒悟之前，这种泥是时时刻刻地粘在明珠上的。直到你将其洗净为止。下面举个例子。

某校有两个学生因为逃课被老师关在教室里抄写课文直至天黑。第二天，两个学生的家长同时带着孩子到学校去找校长，第一个家长满脸怒容地要求老师向学生道歉，说是"我们做父母都不会这样对待孩子，老师有什么权利这样惩罚我的孩子？"另一个学生的家长则对老师表示感谢："学校有这样负责任的老师，我们做父母的也就放心了，同时也为我们家教不严而感到惭愧，我们以后一定多尽点儿心，配合学校教育好孩子。"听了这位家长的话，前一个学生的家长眨巴眨巴眼睛，窘得无地自容。很显然，这个例子中的前一个家长悟得慢，叫渐悟，而后一个家长悟得快，叫顿悟。

还如前面讲的，当你这颗明珠被泥所包，难以闪光时，去泥就是开悟的过程。怎么去泥呢？通常的办法是用水一点点地洗，洗去泥晾干后，就是光亮的明珠，这就是渐悟。而有心眼的人悟性高，善于走捷径——用火烤，即把明珠外的泥烤干，形成一个壳，然后用锤子使劲一敲，泥裂开后立即露出明珠，这就是顿悟。

顿悟是多数有心眼的人之所求。怎样让我们的顿悟来得更及时呢？关于这个问题，从古到今，有着对此各种各样的讨论。其实我们可以从佛教禅宗乃至古代的老子、庄子中得到很多有益的启示。

比如禅宗所提倡的顿悟，绝不仅仅把它当作一种知识，更重要的是一种体验，它要求你自己去真实感受它，要实际运用它，觉得好了，你就自然会明白了。就比如你没吃过一样东西，不管别人怎么说它的味道，你还是不会知道它真正的味道，只要你亲自吃了后，你就立刻知道。这就是顿悟。但顿悟并不意味着完全开悟，也谈不上灵感的成熟，它只是自悟的开始，还需要用更多的心眼去深入解悟，禅宗将此释为渐修。所以我们不能因为顿悟而告万事大吉。

《首楞严经》有云："理虽顿悟。承悟并消。事在渐修。依次第尽。如大海猛风顿息。波浪渐停。犹孩子诸根顿生。力量渐备。似曦光之顿出。霜露渐消。若即文之顿成。读有前后。或顿悟顿修。"什么意思呢？找到问题的答案了，更需要用心去理解得到答案的始末；明确自己努力的目标了，更需要用心去实践。这就是所谓的"修"。

如果一件事情起先没有人去尝试，你敢于第一个去尝试，说明你的心眼促使了你自悟，后面，就要用你的行动去证悟。这样才有获得成功的可能。享有"第一名记"美誉的《每周电脑报》总负责人刘克丽，你要是问起她成功的秘诀何在时，她就会骄傲地告诉你："成功是从捡起地上的请柬开始。"

这可不是吹的。1984 年，已经 34 岁的刘克丽，放弃了长达 10 年的电脑专业的工作，随同丈夫来到《中国电子报》报社。开始，报社让她打杂，一干就是三个多月。

有一回，刘克丽在楼道扫地时，发现地上的一张已经被来往的众人踩脏了的软件业会展请柬——这显然是别的记者丢弃的。她捡起来一看，尚未过期。她灵光一现，就多了个心眼："我本来就是学这个专业，能否试着去采访？"报社领导同意她去试试，结果一发而不可收。有电脑从业经验的她很快成为行业里的名记，各类世界性的 IT 行业记者招待会上，第一个提问的总是她，提问最新颖的也是她。名气大了，她干脆领头创办了《每周电脑报》，现在已成为报业界的一位女强人。诸位可别把刘克丽当初捡请柬时产生的那种采访念头胡乱地与产生灵感对接起来，这根本谈不上灵感，恰恰是自悟的发端，而后面她付诸的实践，就是对自悟的渐修过程，过程结束了，即开悟了。

我再讲个"洋例子"。美国有两个卡耐基。一个是戴尔，另一个是安德鲁。前者是教人成功的人际关系大师，后者则是身体力行的成功的模本。

安德鲁·卡耐基后来成为享誉全球的钢铁大王，其成功则是从捡起一份额外的业务开始渐悟的。

因为家庭贫寒，中学都没有读完的安德鲁不得不走上社会，他从事的第一份工作是在匹兹堡做一份送电报的工作，由于工资很低，他渴望能成为一名出人头地的商界人士，于是他每天坚持白天上班，晚上自学财经知识。有一天，公司忽然收到一份从费城发来的电报。电报异常紧急，但是当时接线员都还没有上班，于是，安德鲁立刻跑去代为收了下来，并赶紧将其送到了收报人的手中。这件事之后，他被提升为接线员，薪水也增加了一倍。由于接线员的工作相对轻松，安德鲁的心眼更多了，他知道一个朋友办的一家叫麦坎德里斯的钢铁公司难以为继，便决心趁这个时期苦攻有关钢铁业的相关知识，感觉时机成熟了，就找到这个朋友，欲与其联手，两人一拍即合，从此安德鲁走上商业道路，并将麦坎德里斯钢铁公司带成美国钢铁的旗帜性企业。

　　安德鲁的事例给我们什么教益呢？用禅宗解释，同样还是一个理儿：先有思想上的顿悟，后有实践上的渐修。我们的心是很大的，我们体验到的只是很小一部分。问题是我们有多少人有了顿悟后又由于这样那样的原因，放弃了身体力行的渐修呢？为什么人们常说"一百个想法，不如一个行动"？因为只有行动，才是把自悟带向开悟的惟一通途。只顿悟未开悟，大抵是有思想、没干劲者。想法易实干难。惧难者，纵然你的心眼都用在顿悟式的想法上，事实上却执迷不悟，那又能值几个钱呢？

　　这个世界就是如此，似乎人人都有希望能够亲历奇迹出现，但奇迹不是每个人都能遇到的，它只眷顾有心人。只要比别人多呼吸一下，任何奇迹都可能看见。而这呼吸是需要用力的，你舍得花这种力吗？舍得了，你就开悟了。

　　我不是在这里刻意向大家宣扬禅宗，我只是借禅宗对"悟"的解释，向大家阐述多用心自悟的重要性。毕竟，关于"悟"，佛以外的领域对它的研究还甚浅，但"悟"却实实在在地根植于我们每个人的日常生活当中，只是我们对这方面的投入关注的太少而已。尽管禅宗没有强迫我们必须怎样怎样，才能怎样怎样，可是我已经有感于冯友兰一句警语：禅宗乃"无知之知，无修之修，无悟之悟，无得之得"也！

7. 保持自我，不要盲从

　　在这个世界上每个人都是独一无二的，你就是你，你无须按照别人的眼光和标准来评判甚至约束自己，你无须总是效仿别人，保持自我的本色，做一个真正的自我，这是最重要的。

我们每个人的生活面貌都是由自己塑造而成的，如果我们能学会接受自己，看清自己的长处，明白自己的短处，便能踏稳脚步，达到目标；这样就不至于浪费许多时间精力，控制苦恼。发现自我，秉持本色，这是一个人平安快乐的要诀。

不能保持自己的本来面目，这一问题自古皆然。詹姆士基尔奇博士认为："这是人性丛林中的一种普遍现象。"这也是造成许多精神衰弱症、精神异常或精神错乱的根源。曾对儿童教育问题写过十多本书和上千篇报道的安格罗派屈说道："当理想中的自我与现实的自我不相一致时，那就是一种不幸。"

戴尔卡耐基就这一问题请教过保罗波恩顿——一家石油公司的人事主管，他曾对6万多个求职者进行过面试，并且写过一本《求职六决》。他认为："求职者通常犯下的最大错误，就是不能秉持本色。他们总是揣测对方期望得到什么样的答案，而不是直截了当的讲出自己的想法。"但这就错了，谁会要一个货不真、价不实的用品呢？

培养一种健全的心态，它将带给你平安、快乐与自由。如果你想让自己平安快乐，请记住：保持自我本色，不要盲目效仿。

8. 多种选择下的思想定位

丹麦哲学家布里丹讲过一则寓言：有头毛驴，在干枯的草原上好不容易找到了两堆草，由于不知道先吃哪一堆好，结果在无限的选择和徘徊中饿死了。这被称为"布里丹效应"。应用于人类，也是同样的道理。面对一种选择，我们别无选择；面对多种选择，我们无从选择。任何选择，说到底都是出于不同的思想定位。

大家都知道阿拉丁神灯的故事，如果阿拉丁神灯能许的愿望不是3个而是100个，你有多少愿望要许？每个人这时都会有更多不同的愿望了吧？如果有一盏阿拉丁神灯，我们就可以通过他们的愿望，去了解他们的内心，得知他们的思想定位。可惜现实生活中没有阿拉丁神灯，但现实生活中人们仍然有着各式各样的愿望。

面对各种选择的时候，有的人选择金钱，他们认为金钱能够买来一切，金钱是万能的，钱越多越好；有的人选择美女，他们贪图享受，沉迷于色欲；有的人选择权力，他们认为有了权就有了金钱和美女，可以做自己想做的事情，可以要自己想要的东西，权力最实在。这就是他们的思想定位。然而有的人选择道德、良心，对得起自己的事情才去做，属于自己的东西才去拿；有的人选择家庭，对父母尽孝，对伴侣尽忠，对儿女尽责，精心营造爱的港湾；有的人选择事业，奋力拼搏，终日忙碌，最终出人头地，扬眉吐气。这也是他们的思想定位。

人无时无处不在选择之中，一旦承担起选择的责任，就会体味到选择的困境——选择的两难。每个人在自己的人生中可能经常遇到这样的选择：停留还是上路？是在钢筋水泥的丛林中为生计而流汗，还是踏遍千山万水去寻觅生命的意义？面对选择不同的人会有不同的困惑。这些困惑来自于每个人不同的思想定位：抱有积极的态度，还是心存消极思想；他们是选择拼搏奋斗享受成功的喜悦，还是去选择自然随意体味生活的真谛。不同的思想定位带给人不同的结果，消极思想的人无所作为，积极乐观的人成就斐然；喜欢成功的人活得风光却劳累，享受生命真谛的人默默无闻却自由快乐。

在面对挫折和困难的时候，他们的这些思想定位的不同体现得更加明显。遇到挫折，有的人不去勇敢面对，反而一味逃避，缩在自己的壳里，掩耳盗铃。这样的人怯懦、软弱，抱着消极的思想。有的人，面对困境懂得去放松自己，控制自己的情绪，坚忍不拔，不让自己压垮自己的精神。这样的人，拥有良好的心态，积极乐观的态度和思想，这是解决一切问题最重要的前提。我们认知一个人，可以给与他多种选择，面对他的选择去认知他的思想。

9. 无立场

现在地介绍一种我的哲学方法，所谓"无立场"。通常，人们进行思想总是用自己偏好的某种立场或某种观点去看事物，对各种事物都按照自己喜欢的那种立场观点去衡量。在不同的立场观点中，事物被看成不同的样子，一种立场观点就像是一把自己说了算的尺子。可是，我们并不知道这把"尺子"是否适合于衡量"各种各样"的东西，也不知道这把"尺子"做得好不好，我们不能用尺子去量这把尺子自身。哲学家怀疑了种种事物，其实，最值得怀疑的是我们的各种立场观点。人们深知主观性对知识的严重伤害，因此希望一切知识能够向科学看齐。据说科学是客观的，能够表达事物的真实面目，这固然好，但问题是，人文思想和社会科学，特别是哲学，并不是为了表达真实，而是要创造一些有可能使社会变得更好、让生活更幸福的观念，简单地说，科学表达真实，而哲学要创造梦想，因此，科学的标准对于哲学并不合适。

无立场分析不是要拒绝任何一种立场，而是强调，不要从观点去看问题，而要从问题去看观点。从问题去看观点，就是不要盲从任何一种观点，而要从问题出发，根据一个问题的困难所在以及解决问题的可能性和所需要的条件，去看每一个观点分别可能会有什么用处。在这个意义上说，无立场是一种反思任何观点的方法，也许可以说是对各种观点的一种验算法。通常，我们不知道一种事物是怎么回事，于是要想象出某种观点去看事物，各人有各人的想象，所以会有多种观点，这样的思维只考虑了"我们是这样看事物的"，却没有顾及到"事物是否可以这样被看"，因此，我们必须检查各种观点是否对付得了事物提出的问题。但这不是科学，无立场要验算的不是观念是否符合事物的真相，它要验算的是，我们的观点所强加给事物的各种想象和梦想是否可能可行。

一种观点就是一种想象，因此，没有一种观点是完全错误的，错误的只是对观点的错误使用，换句话说，每种观点都有可能是正确的，关键看用在哪里。因此，无立场拒绝任何一种立场的无条件权威和批评豁免权。思想就是思想，思想并不专门服务于某个立场，无立场的思维就是看不起任何主义。既然任何一个观点在特定条件下都可以是正确的，那么，每个观点就都是理解问题的一个条件，无立场地看问题就是游移地从每个立场去看问题，如水一般地从一个立场流变到另一个立场，但绝不固执于某个立场。在某种意义上，无立场可以说是从老子的"水的方法论"中化出来的。按照不同问题的特定情况而变换立场，类似于"无法之法"，就是无立场之法，在这个意义上，无立场也就是全立场，即根据条件去利用每一个可以利用的立场。

对任何观点的错误使用都是一种思想疾病。维特根斯坦给思想治病，但他的治疗法是"恶治"，一种观点有病就干脆切掉。无立场不想浪费任何一种思想资源，因此试图对观点进行调理。在理论上说，每一种观点都能改造成真理。逻辑分析喜欢对思想进行"改写"，但逻辑改写只能发现观点的毛病，却无法把一种观点变成真理。我喜欢"补写"的技术，主要是说，只要不断给一种观点补充增加一些约束条件，多加一些限制，就总能够使它成为真理。只要条件充分，限制足够多，每个观点都能在一个适合它的可能世界中成为真理。我特别愿意举出"民主"观念作为例子。这个时代人们对民主赞美有加，其实，只有当给民主规定了足够多的限制条件，民主才有可能是好东西，如果限制不够，民主就可能成为很坏的东西。

总之，无立场的要义就是，不要以观点为事物立法，而要根据问题为观点安排合适的用途。

10. 诱发兴趣来提高记忆

国外有研究表明：那些善于运算的人不但不是只记得数字的机器人，反而都是一些有感情的人。也就是说，如果只把数字看成枯燥的东西，要记很多组数字是不可能的，超常记忆人的秘密也正在于此：自信、激情、兴趣。对其有超常记忆力的人来说这点是必不可缺的。

"做事情不能由着兴致来"，这是平时父母们经常对孩子说的一句话，而事实上，人的学习和工作很大程度上取决于兴趣。

很多人在工作和学习中感到记忆力不好，由于忘事，耽误了很多事情。记忆力的好坏是由兴趣决定的。要想记住某件事，先要对它产生兴趣。

弗洛伊德曾说过："人只记感兴趣的东西。"爱因斯坦也曾经说过："兴趣是最好的老师。"其实我们往往对于自己所关心的事物能够很轻松地记住。

对记忆抱有兴趣和自信，就能从记忆对象中找到乐趣，而坚持积极记忆的这种态度，正是提高记忆力的有效方法。

比如说旅行中的记忆，因兴趣不同，记忆效率大不一样。下面的故事就是很好的例证。

有两个人休假结束。从山上归来一位朋友问他们二人山上怎样？

有一个人详细描述了山上的秀丽景色，另一个人则热衷于大谈吃吃喝喝。就是说，第一个人对风景感兴趣，第二个人对吃喝感兴趣，两个人对自己感兴趣的东西记忆得非常清楚。

既然兴趣对记忆有增强作用，那么，怎样才能培养对识记材料的兴趣呢？下面介绍一个简单的方法：在开始着手不感兴趣的事情时，要主动表现出一系列形体上的动作和精神上的兴奋。比如，高兴地拢援手，体会一下快乐的感觉，再微笑着对自己说："我喜欢你。"不过，这种做法需要养成习惯后才能见效，就是说，你要坚持做一段时间。

在心理学中，兴趣可分为有趣、乐趣、志趣，它们虽然都有助于记忆，但又各不相同。有趣常常是稍纵即逝一笑了之；乐趣则常常表现为"乘兴而来，兴尽而返，靠客体事物的诱发而产生；志趣则带有目的性和方向性。是最高级的形态，它可以使人如醉如痴，废寝忘食。所以，我们应该使自己的兴趣不断升华，把它与志向结合起来，从而让它在记忆中发挥更大的作用。如果兴趣被暂时的干扰因而抑制时，可以用诱导法排除，当注意力难以集中，兴趣调动不起来时，可以学学马克思——立刻做微积分习题；可以学学果戈理——反复在纸上写一句话；还可以仿效钟表的滴答声……总之，千方百计造就诱发记忆兴趣的客观条件。

第三章　思想和思维

人无时无刻不在思想着，人没有思想了，活着也没有存在的意义了，思想是维持人生命的无尽源泉。

1. 思考是人最大的财富

思想。就是所说的思考，一个人和另外的人同时走在同一条街上，衣服和装饰等等都是外在的东西，真正不同的是什么呢？就是两个人所思考的东西不同，换句话说就是两个人头脑中存在不同的东西。反过来说：你本人和别人的不同在于哪里呢？你本人存在的价值在哪里呢？你的另一半在哪里呢？她是吗？你有什么样的优势呢？你的优势在别人眼里的存在价值是多少呢？你认为的优势在别人看来是什么呢？好象都是和别人对自己的看法有关系，到底你有没有在意别人的看法呢？你的社会地位和你从社会上所获得的利益是相等的吗？换句话说：你自身价值的存在和你的财富是成正比的吗？好像今天你有很多的疑问，你自己能解答吗？你知道你在问自己什么样的问题吗？"我不是很清楚。""所以啊，人类一思考，上帝就发笑。"

米兰·昆德拉曾说过一句很有名的话："人类一思考，上帝就发笑。"他是错的。假如他果真认为他的话是对的，那么他的这种"人类思考"也务必会让"上帝发笑"。

人类一思考，发笑的不应该是上帝或者猫狗之类，而只能是人类自身。人类的思考的历史同时也是发笑的历史。人类思考出来的只能是错误，甚至发笑本身也是一种错误。

尽管如此，人类的思考还将继续，而且人类思考仍然值得。思考是人区别于其他动物的重要标志，是人类的专利。

人的一生中的绝大多数时间都在思考。除了在少数昏迷状态时。人就是在睡梦中也往往并没有停止思考。无论干什么事都要思考，处于惯性的无思状态是短暂而脆弱的，稍不留神就会滑入思考。通常所说的体力劳动也同样离不开思考。

虽然一个人的绝大多数思考都是毫无意义或没有用处的，但如果没有这些无意义无用处的思考也就不会出现对人类有利的思考，也不会有人类创造的一切新生事物存在了。思考是人优越于动物的根源。

罗丹的雕塑作品《思想者》是不朽的。该雕塑是有一裸体男子坐在石头上思考，作者用他来表现《神曲》作者但丁。其实也象征着整个人类或者说我们每一个人。他右手臂支在大腿间，右手托着下颌，嘴咬着右手，左手放在膝上，整个形体缩成一团，每一块肌肉都处在极度紧张状态，肌肤欲裂，积蓄着巨大的力量和激情。他看上去不只是在用大脑思考，而像是在用全身的肌肉力量在思想。这一形象是人类的真实写照，仿佛向我们说"看啊！人类在思考呢！"

人类不仅要为身边的平凡琐事进行思考，有时也要思考人生，思考哲学，思考存在，思考死亡。那认真的思想者正在冥思——"灵魂是什么？物质是什么？宇宙是什么？如果一切现象都是由于自我的感受和回忆，那么自我又是什么？"（语出福楼拜）……这些思考也许不能找到最终的答案，因为"没有一位伟大的天才下过结论，没有一本伟大的著作有结论，因为人类总在进行，从来就没有一个结束"。但并不能因此便说这些思考是没有意义的。思考本身就是意义所在。每一种思考都值得肯定。不管它是所谓智慧还是所谓愚蠢的，只要是面向正义的思考，都是值得我们称颂的。

类似的，不只是思考，人类从事的每一项劳动都是如此。只要我们参加过程了就值得肯定，人生道路上，并不是每一个梦想都能实现，并不是所有的爱都能维系永远，并不是每一朵花都能结出果实，只要我们为梦想努力，像花一样开放，我们就值得欣赏！

上帝笑着对人类说："你们人类在忙些什么呀？忙着生忙着死。为了一些花花纸头在地球上忙得团团转。你们还是歇歇吧。你们还不是整天忙着一些世俗的事，你们永远也不可能弄清楚生命哲学的。"

人类不无自豪的对他说："你给了我们大脑，我们用来思考，思考本身就是我们的目的。"

消极思维是一种难以逃脱的处境，因为它会不断死灰复燃，正如任何一个陷于消极思维的人所知道的那样。消极的体验滋生了消极的期许，然后又会引发新一轮的消极体验。

事实上，陷于这样的一种恶性循环中的人，大多数终身都未从中解脱出来。因为要从中解脱出来，实在是太困难了。就在他们责备自己的消极态度时，他们又进一步增强了这种消极思维。所以，如果你为自己的消极思维而感到自责，你就不是在打破它而是在增强它。

我认为陷于这种恶性循环中的人会继续深陷下去，除非他们能够觉醒。他们必须要认识到自己已陷入了这个陷阱之中，还要意识到任何想要拒绝接受这一现实的尝试都会让自己陷得更深。如果自责真的能够解决问题的话，那问题早就应该被解决了才是。

所以，我觉得最有效的解决办法就是停止抗争，选择屈服。不要去抵制头脑中所闪现的消极想法，而是去接纳它。这真的有助于提升你的意识，而且很有效。你真的可以从尝试接纳你头脑中的负面想法开始，然后凌驾掌控它们。允许它们存在，但不要认同它们。尝试以旁观者的角度去观察它们。

常言道，思维就像是一只好动的猴子。你越是跟它较劲，猴子就会变得更加活跃，以至于你越难以控制它。所以，在一旁静静地观察这只猴子，等它自个儿安静下来再说。

同时，你也要意识到这正是你，作为一个人类存在于这个世界的一个重要的原因——提升你的意识。如果你满脑子都是消极的想法，那么你的任务就是不断地提升你的意识，直到你可以把关注点放在了你想要创造的积极的而非消极的事物上为止。或许你花了一辈子的时间也无法达到这种层次，但也没关系。你的生活总能够反映出你的意识。如果你不喜欢眼下所体验到的一切，那说明你还需要继续提升自己的意识去创造你想要的生活。你存在的目的就是去提升这种意识。你所体验到的正是你需要去体验到的，这样你才能从中学到一些东西。

2. 我思故我在

我思，故我在。很多人在用这句话来作座右铭，我也很喜欢这一名言。思考，这是人类与生俱来的能力。

人，无时无刻不再思考，包括发呆，这应该也是一种无意识的思考。我们每天思考千奇百怪的东西，可是归根结底都是在思考生活，思考人生。人生，这两个字很大。大到你永远不知道人生是什么？人生是什么？我不知道。在我的意识里，能评说这两个字的应该都是年近古稀的老人们。人生：一个需要用一个人的所有的生命来阐释的两个字。

思考人生，我们在思考什么？我们的思考其实都是基于别人的人生与他人或自己的人生的一种比较。比较这之间的区别。而从这些比较中得到的结果就是你要思考的人生。你该怎么活？应该活出怎么样的人生，都是靠着不断的比较，不断的思考而确定的。每个人，每一天，都会遇到不同的人。而你就将成为不同的人的人生的一部分。

那么你的人生的那一部分你是否还曾记得。是在惊鸿一瞥之后就让他自然地消失地无影无踪，还是将这个瞬间牢牢的刻在心里，将他再次拉进你的人生？我不知道，你也不知道。无论是前者还是后者他们都将在那一瞬间有了各自的名字：陌生人和熟人。陌生人，可能这辈子你都不会再有机会见到他，即使见到了依然可能只是惊鸿一瞥，然后他就可以爱谁谁了。而熟人，那就要分很多种类，而且因为你们的熟，你们的关系也会越来越复杂。这一串关系的变化，就将成为一个时期内的思考中心。

有人说：想了那么多，不如去做一下。有道理，但是如果你连想都没有想过，你还会做么，你要做什么呢？无从得知。同时证明了，在说这些话的同时你就在思考。一个能够思考的人，证明他还活着。当然我不知道植物人有没有思考。我活着，所以我在思考，无论我在思考什么，我都能说我活着，而且我在续写着我的人生。

我思，故我在。

3. 像学者一样思考

学者送给我们四句话。

第一句是，把自己当成别人。在你感到痛苦忧伤的时候，就把自己当成是别人，这样痛苦自然就减轻了；当你欣喜若狂的时候，把自己当成别人，这些欣喜也会变得平和一些。

第二句话，把别人当成自己。真正同情别人的不幸，理解别人的需要，在别人需要帮助的时候，给予恰当的帮助。

第三句话，把别人当成别人。充分尊重别人的独立性，在任何情况下都不能侵犯他人的核心领地。

第四句话，把自己当成自己。因为你爱别人，所以你要爱自己。

少年说："这四句话有许多自相矛盾之处，我怎样才能把它们统一起来呢?"学者说："很简单，用一生的时间和经历。"少年沉默了很久，然后叩首告别。后来少年变成了中年人，又变成了老人。在他离开这个世界很久以后，人们还时时提到他的名字，都说他是一位学者。把自己当成别人，把别人当成自己，把别人当成别人，把自己当成自己，这四句话不失为爱人和爱己的四种境界。作为学者，他不仅自己是一个愉快的人，而且也能给每一个见过他的人带来快乐。故事很简单，意蕴却深长。其实，生活中时时刻刻都包含着这样的感悟，只要用心，生活就会给予我们很多。生活是现实的，有许多闷热的天气，许多烦心的事情，生活节奏一天一天加快，但人与人之间却如此的缺乏沟通和理解。往往，生活中有人偏把简单的事情复杂化，让人不得不分一些精力来应付这些不该发生的事，把一些有序的生活方式冲乱了。此刻，就需要一种自我调节的心态。

像学者一样思考心态。生活如弹钢琴，对于生活中的"乱弹琴"，调节的唯一方法，就是拨乱反正弹好曲子，让高雅的曲子带着我们脱离滋扰的尘世，回归意境高远的空间。弹一些中外名曲，让富有节奏的音符，像高山清泉，竹林小溪，青松翠柏，大海波涛，从手指间一次次流出，营造一分回归自然的空间，去净化灵魂。成功了，娴熟了，流畅了，心情便舒畅多了，好像大海波涛变成了镜面湖水，林间小溪，仿佛看到江海波涛在和风吹拂的蓝天白云下，变得湛蓝可爱，也看到了纵然有大海的波涛汹涌，却养育了海燕搏击大海、无畏风浪的大气。

有时候人生需要改变。你改变不了环境，但你可以改变自己;你改变不了事实，但你可以改变态度；你改变不了过去，但你可以改变现在；你不能控制他人，但你可以掌握自己；你不能预测明天，但你可以把握今天；你不能样样顺利，但你可以事事尽心；你不能左右天气，但你可以改变心情；你不能选择容貌，但你可以展现笑容；你不能延伸生命的长度，但你可以决定生命的宽度。

只有这样，才会拥有充实精彩的人生。在生活中不必苦苦执著于苦与乐。须知苦乐无常，要装一个平常的心境。苦与乐不过是事物的两个面，是人们的心境所致。

生活就是生活，五味俱全，色彩缤纷，每个人都是平等的，命运不会厚此薄彼。而人们的生活观点、生活态度、与生俱来的个性及后天的遭遇就像一颗果子，吃了它之后，吃什么都变味，又好像一副有色眼镜，戴上它，看什么都变色。

因此无须探究生活是苦是甜，只要你喜欢它是怎样的，就不妨把它看成是怎样的。如果你以为你能吃苦，吃苦就是你的荣耀，就是你的自豪；如果你喜欢快快乐乐地生活，那就不妨从任何事情中发现其乐趣所在，津津有味地品尝。

生活是美好的，活着是幸运的。做你所爱的，爱你所做的。不要抱怨生活，要热爱生活；不要远离生活，要拥抱生活；不要为生活所累，要享受生活。你是否因为优柔寡断而错失良机？你是否因为傲慢武断而酿成大错？如果是，就学学军事家吧：聪明的头脑，灵敏的反应，谨慎的思考，果敢的决定……像军事家一样谋略。

1944 年，艾森豪威尔指挥的英美联军正准备横渡英吉利海峡，在法国诺曼底登陆，展开对德战争的另一个阶段。这次的登陆事关重大，英国和美国合作无间，为这场战役投入了巨大的人力物力。

然而，人算不如天算，就在一切准备就绪、蓄势待发的时候，英吉利海峡却突然风云变色、巨浪滔天，数千艘船舰只好退回海湾，等待海上恢复平静。这么一等，足足等了四天，天空像是被闪电劈开了一条裂缝，倾盆大雨连绵不绝，数十万名士兵被困在岸上，进退两难，每日所消耗的经费、物资，实在不容小觑。

正当艾森豪威尔总司令苦思对策时，气象专家送来了最新的报告，资料中显示天气即将好转，狂风暴雨将在三个小时后停止。艾森豪威尔明白这是千载难逢的好机会，可以攻敌人于不备，只是这当中也暗藏危机，万一气候不如预期中这么快好转，很可能就会全军覆没了。艾森豪威尔经过了慎重的考虑之后，在日志中写下："我决定在此时此地发动进攻，是根据所得到最好的情报做出的决定……如果事后有人谴责这次的行动或追究责任，那么，一切责任应该由我一个人承担。"然后，他斩钉截铁地向海、陆、空三军下达了横渡英吉利海峡的命令。

像军事家一样谋略命令。艾森豪威尔受到了幸运之神的眷顾，倾盆大雨果然在三个小时后停止，海上一片风平浪静，英美联军终于顺利地登上诺曼底，掌握了这场战争得胜的关键。人生往往有很多的抉择。当面对形形色色的抉择时应该如何取舍？面对抉择，有些人往往会犹豫，犹豫，再犹豫，三思，三思，再三思。

可是，时不待人，我们常常为了痛失机遇而扼腕叹息。只要自己认为对的事情，不可优柔寡断，必须付诸行动。有的人总喜欢在做一件事前，再三权衡利弊，举棋不定，结果等到想好了的时候，机会已经失去了。正所谓"留得青山在，也怕没柴烧"，但青山常在，柴却不等人。

把手头的机会抓住，这是至关重要的，因为靠近你的机会就是最重要和最迫切的。花谢了，有再开的时候；燕子去了，有再来的时候；

柳条枯了，有再绿的时候。

可时机错失了就永远不再来。因为过去的时机已经不复存在，而未来的时机只是一步一步才逼近你，没有来之前，你纵使绞尽脑汁也是徒劳枉然。最幸福的不是得不到或已失去，而是现在能把握的。把手头的机会抓住了，你就将一切的机会抓住了。

世上有太多的事会让我们分心，虽然如此，但万事万物，人才是主宰者，抉择权也在自己，只有简单一点，决断一点，走好自己的路，这样才能拥有真正意义上的成功。还有一种情况就是人生往往有太多的抉择而最终变得毫无选择。

4. 创新历史唯物主义之普遍法则

历史唯物主义是马克思的重要发现，是马克思对全人类的伟大理论贡献，它是辩证唯物主义原理在社会历史领域的运用，是马克思主义哲学不可分割的组成部分。历史唯物主义的创立，是人类思想史上的伟大革命。它第一次把社会历史的研究建立在科学的基础上，它既是一般的社会历史观，又是分析研究社会历史和各门社会科学的方法论。

但现代社会，由于自然科学、经济和技术的发展，使社会科学一度落后于自然科学的发展的问题，已经成为一个全球性的问题。中国学术理论界也认识到这一问题的产生。

高清海认为，马克思主义必须发展，这意味着有问题存在，而且这些问题还必须以创新的方式去解决。了解存在的问题是我们发展理论的前提。高清海对马克思主义哲学本身以及现行哲学教科书的存在问题进行了反思，认为马克思主义哲学同一切科学理论一样，有时代的局限性、认识的局限性和理论的局限性。这些局限性是属于科学理论固有的局限性，它表现着科学理论是不断发展的具有无限生命力的，而不是千古不变的教条。

何新认为，正是由于中国当代的改革，在思想和理论的批判和准备上，先天不足。正是由于近百年来，中国思想界至今尚未形成超越于思辨性意识形态之上的，对于中国历史发展和当代现实，对于中国目前所面临的深刻问题，具有深刻的真知灼见的系统思想理论，所以中国的改革，对于改什么和怎么改，目标何在、方法如何，始终具有极大的盲目性、盲从性和短见的功利性……

由于我们的社会科学至今没有发展到这一步，所以当代的改革，就不能不依靠"摸着石头过河"。所以当代的改革，缺乏从形形色色的空谈中做出辨识和选择的能力。

以上两位学者的观点，白钢也有类似的观点：恩格斯说过，"随着自然科学领域中每一划时代的发现，唯物主义也必然要改变自己的形式；而自从历史也被唯物主义地解释的时候起，一条新的发展道路也就在这里开辟出来了。"这就是说，马克思主义本身是一个开放型的体系，历史唯物主义是随着实践的发展而发展的。我们应用它来指导我们的中国史研究工作，务必要理论联系实际。这是关系到能否建立马克思主义的中国史新体系的关键。

江泽民同志在"十六大"报告中指出，贯彻"三个代表"重要思想，必须使全党始终保持与时俱进的精神状态，不断开拓马克思主义理论发展的新境界。坚持党的思想路线，解放思想、实事求是、与时俱进，是我们党坚持先进性和增强创造力的决定性因素。与时俱进，就是党的全部理论和工作要体现时代性，把握规律性，富于创造性。

他说，创新是一个民族进步的灵魂，是一个国家兴旺发达的不竭动力，也是一个政党永葆生机的源泉。实践基础仁的理论创新是社会发展和变革的先导。通过理论创新推动制度创新、科技创新、文化创新以及其他方面的创新，不断在实践中探索前进，永不自满，永不懈怠，这是我们要长期保持的治党治国之道。

他说，创新就要不断解放思想、实事求是、与时俱进。实践没有止境，创新也没有止境。我们要突破前人，后人也必然会突破我们。这是社会前进的必然规律。我们一定要适应实践的发展，以实践来检验一切，自觉地把思想认识从那些不合时宜的观念、做法和体制的束缚中解放出来，从对马克思主义的错误的和教条式的理解中解放出来，从主观主义和形而上学的桎梏中解放出来。要坚持马克思主义基本原理，又要谱写新的理论篇章，要发扬革命传统，又要创造新鲜经验。善于在解放思想中统一思想，用发展着的马克思主义指导新的实践。

笔者认为，当前中国的发展已到了一个关键的历史时期，既面临国内各种复杂形势的考验，又要应对国际上恐惧中国崛起的势力的各种阻挠，对中国经济发展和统一大业设障碍，中美、中日、中印、中欧关系暗潮涌动、柳暗花明，中国台湾的前途峰回路转。

因而，从哲学理论以及文化、文明的深层次总结和发现世界历史的发展规律，建立一套放之四海而皆准的、统一各学科的综合化理论体系的任务已成当务之急。这种统一的理论应开辟剖析学和社会科学研究的新领域，给国际学术界展现一个全新的理论思维空间，能够合理解释全球历史的大体规律以及中国所特有的历史发展规律，为科学国策的制定提供依据，为中国的历史性崛起指明方向。

笔者提出了"创新历史唯物主义"这个概念，之所以加"创新"二字，是因为这个新思想理论是建立在马克思的历史唯物主义的原理之上，继承和发展了历史唯物主义的普遍原理，是对历史唯物主义的创新。

在论述"创新历史唯物主义"的概念之前，有必要对各国学者在研究人类历史进程时所产生的一种现象进行全面揭示，这一种现象笔者称之为"全球历史观通病—种因素决定论"，简称"一种因素决定论"，或"单一现象决定论"。

人类历史进程中的决定因素很多，笔者共归纳成 10 种因素。在社会历史观方面，古今中外的理论家、政治家、学者把社会历史进程的决定性原因归结为某一种因素或某一种现象的观点比比皆是，笔者称之为"一种因素决定论"。"一种因素决定论"的表现形式非常广泛，如"地理环境决定论"、"人口决定论"、"人民决定论"、"经济决定论"、"上层建筑决定论"、"文化决定论"、"文明决定论"、"科技决定论"、"领袖决定论"、"外因决定论"、"内因决定论"等，任何一种决定论都认为该因素是人类社会的决定因素或主要因素，从而否定了其他要素的作用。

"一种因素决定论"的影响极为广泛，充斥于当今国际学术界和理论界。何顺果在《强国之鉴》的第八讲《美国的崛起及其动力》一书中也反对"一种因素决定论"，翻阅美国内外资料，关于美国作为大国崛起的问题，政治决定论者常常强调战争的作用，进而用独立战争、南北战争、美西战争和两次大战，作为美国崛起过程中的几大标志；经济决定论者只强调生产力在整个经济和社会发展中的重要性，相信技术上的发明和创新一定会带来历史的大变革；而文化决定论者则强调"多元文化"的作用，认为对"多元文化"（主要是欧洲文化、印第安文化和黑人文化）的包容，为这个国家的崛起提供了活力。我是"综合崛起论"者，认为，美国的崛起是社会、经济、政治和文化多种因素共同作用的结果，但这种作用并不是在任何时候或阶段都是平衡的，在一个阶段、一个时期必有一两种因素起主要作用。战争的成败得失最终要受制于一个国家的社会、经济和政治，更何况"暴力"本身也是一种经济力；美国是一个移民国家，在很长时期内其主要精力在开疆拓土、维持生存，在这个时期内其技术主要从欧洲引进；至于"多元文化"问题，首先必须明白的是它强调的是"非主流文化"的作用，既然是"非主流文化"，又怎能决定一个大国崛起呢？总之，对一个大国的崛起，既不能采用单因素论去解释，也不能忽视其发展过程。

一种因素决定论的错误在于，它割裂一种因素或事物与其他因素的普遍联系，用绝对运动和相对主义的观点去看待这种因素，而用相对静止和形而上学的观点对待其他因素，因而只看到一种因素在"主观能动地"决定社会历史进程，而其他因素则"没有"发展变化。

一种因素决定论是用孤立的、静止的、片面的、形而上学的观点去解释社会历史进程，不但不能客观、全面地反映社会历史进程的全貌，相反，只能使决定社会历史进程的各种因素之间缺乏有机结合，使社会历史进程这条"长链"断裂，使各种因素不能环环相扣、相互影响和普遍联系，使科学误入歧途。一种因素决定论在方法论上属于形而上学。

5. 变　　通

大多数哲学，特别是西方哲学，通常都是追求确定性和绝对性的哲学，但老子的哲学却是追寻不确定性和相对性的哲学，很是与众不同。老子想象的道是能够适应一切情况、一切变化、一切形势的万能道，据说这样的道才是根本的道。但是，这样的道实在难以把握，因为它试图在永远的不确定性中去做对每一件事情，这个要求实在太高了。要求太高也不好，即使是真理，也跟谎言差不多。

对付一切不确定性就是对付一切变化，随机应变，因势利导，在万变中把事情做通。西方哲学家中也有试图思考变化理论的，比如怀特海，不过中国哲学家思考的重点不在"变"而在"变通"，是关于变通的知识而不是关于变的知识，也就是说，必须知道的是在变化中能怎么做，在变化中怎样才能行得通，这才是关键。这是一种关于动态存在的形而上学，一种关于不确定性的形而上学，虽然独特深刻，但难以理论化，因为千变万化的不确定性和相对性是无法理论描述的，似乎只能意象化地领会。为了说明在一切变化中如鱼得水之道，老子使用了许多意象和文学化的描述，其中最为传神的就是"水"的隐喻。水是柔软的，没有固定形状，能够随任何形势而变化其形状，因此水适合一切情况，总能随遇而安、因地制宜、水到渠成；水又是柔弱的，决不争强好胜，而是谦逊的，正因为其柔顺，反而能够化解任何强力，所谓以柔克刚，以弱胜强；水又是无孔不入的。渗透力极强，水不放过也不错过一切机会，因此水的选择永远是最佳策略，可以说，水的方法论就是道的方法论，也就是关于不确定性的方法论。

在某种意义上说，老子的道的方法论，以及比老子更早的孙子兵法，应该是世界最早的博弈论。现代博弈论，尤其是纳什之后的博弈论，已经发展成为最重要的普遍思想方法论之一。现代博弈论是一种关于不确定性的不彻底方法论，它虽然要对付不确定情况，但仍然承认一些普遍的固定假定，比如经济人假定和理性选择假定，因此，现代博弈论还只是一种半不确定性理论。

老子的博弈论是更为复杂的博弈论，它几乎没有任何假定，就是说，一切条件都是不确定的，语境都是不确定的。充分复杂的博弈论无法理论化，这既是哲学上的深刻，但也是技术上的弱点，现代博弈论的优势就在于它的技术是能够理论化的，因此是可以普遍理解的，而老子式的博弈论则是"不可理喻"的。

6. 寻找不可怀疑的东西

如果有了怀疑之心，可疑的东西就处处可见，那么是否能够怀疑所有的知识？怀疑派哲学家确实几乎不信任一切知识，他们不相信人们能够找到确定无疑的真理。罗素嘲笑怀疑派说："如果怀疑派彻底否认人能真正知道任何一种事情，那么怀疑派又是怎样知道这一点的呢？"看来，总会有些东西是不可怀疑的，哪怕不多。有些哲学家相信，如果从可疑的事情出发，一步一步地加以排除，最后就有可能找到不可怀疑的东西，那肯定就是真理的家园了。这时，怀疑由一种态度发展成为一种方法。

笛卡尔发明的"笛卡尔式怀疑"大大有名。笛卡尔说，难道我不能怀疑我正坐在火炉旁边吗？能，也许我其实是梦见坐在了炉边，还有，真的有个火炉吗？也许事实上并没有，全都是我在做梦，什么事情都可能搞错。也许有个魔鬼，狡猾无比，他决心永远给我捣鬼，使我永远上当受骗，最后我终于什么都不敢相信了，我认输，我承认，一切都是可疑的。但就在此时，怪事出现了："一切"当然包括"我"，当我怀疑我的存在，我便恰好存在。如果我不存在，魔鬼就无法欺骗我，可是魔鬼在欺骗着我，所以我一定存在。这正是魔鬼法术的破绽，魔法终于失灵了。笛卡尔说，我可以怀疑各种事情，唯独无法怀疑我正在怀疑，无法怀疑我正在思想，所以，"我思故我在"是天底下绝对不可怀疑的第一真理。

笛卡尔的确抓住了魔法的破绽，这其中有着很深奥的道理。可以用另一种有些相似的方法来说明这个道理，你能不能打一个肯定能赢的赌？似乎不可能，但其实你只要赌"我打赌我一定会输"，就能战无不胜。即使你输了，那也只好算你赢了，因为你赌的不是别的，正是你输。福克纳有篇小说《赌注》说的就是这样的一个故事：有个快乐英俊的小伙子山姆得罪了撒旦，山姆无论想要做什么事情，撒旦都使妖法使他事与愿违，最后山姆破解了这个秘密，他想要什么，他就故意赌自己得不到什么，结果当然是万事如意，过上了幸福生活，没有好好读书也有了黄金屋颜如玉什么的。

维特根斯坦也是使用怀疑法的高手。有些事情似乎实在是不可怀疑的，但维特根斯坦却能把它搞成可疑的。例如，我们都知道，做事情要遵守约定规则，行为要遵守道德规则，说话要遵守语法规则，踢球要遵守球赛规则，等等。可是，怎样才算遵守了规则？一般的理解是，遵守规则就是只要情况相似，那么就一次次地按既定做法重复照办下去。维特根斯坦提出了一个怪问题：什么算作"总是照办"呢？这真的有准吗？真的能做得一模一样吗？如果有些走样，还算不算遵守规则？走样似乎是难免的，那么，走样走到什么程度就还算是遵守规则？

可以考虑这样一个例子。加法是大家熟知的一条算术规则，我们都知道，$2+3=5$，$3+4=7$，等等，我们按这种规则可以不断地对各种情况进行演算，不过，我们实际上演算过的"各种情况"总是有限的，这一点暗含了一个奇异的问题。假如有两个小孩，从来没学过加法，有个老师教给他们加法，在教加法时只教过两数之和小于或等于10这个范围内的例子，就是说，不超过 $5+5=10$，$6+4=10$，$3+7=10$ 这种水平的演算。有一天这两个小孩偶然看见 $7+5$ 这个式子，它超出了他们学过的范围，其中一个小孩天才地想出应该是 $7+5=12$，另一个却说 $7+5=10$，谁正确遵守了规则呢？大多数人恐怕会认为第二个小孩傻得厉害，不过，维特根斯坦很可能会认为第二个小孩也是天才，虽然不是算术天才，但却是哲学天才，因为他提出的不是算术问题而是更高明的数论问题。可以这样解释：既然教过的演算实例中最大的得数是 10，这实际上蕴含了这样一种理解："凡是足够大的得数都叫做 10"，而 7＋5 的得数一定足够大，因此是 10。这不是胡搅蛮缠。有的原始部落生活很简单，平时能用到的数目也很小，像 2＋3＝5，3＋4＝7 之类，他们的理解和我们一样，但大一些的数目就可能有不同的理解，比如说，足够多的东西就通通算作"一堆"，或者叫做 100，于是，50＋50＝100，90 十 20 还是等于 100，100 只是表示足够多。

当然，文明人需要的数目大得多，所以我们会想到一亿、十亿以至"无穷多"。不过，"无穷多"到底是多少？我们不也是含含糊糊的吗？就像有人举过的康托的例子，自然数的总量"按道理"应该比偶数的总量多，可是难道它们不都是无穷多所以也就一样多吗？看来，有些理所当然的事情其实很可疑，另一些可疑的事情其实是天经地义。

7. 先　验

先验方法特别值得一谈，它是一种看起来哲学味道很足的方法，它是对思想和知识基础进行反思的主要技术，往往称为先验论证（康德称为先验演绎）。如果知识基础不成问题，不需要反思，先验方法就没有用处。可是，知识基础的问题层出不穷，因此，反思的知识就成为一种必要的特殊知识。许多哲学家都会不自觉地使用到先验论证的技巧，其中的关键技巧与笛卡尔的"我思"的论证有关，但一般认为是康德明确了先验论证的一般方法论。按照康德在先验演绎中所使用的技巧，先验论证大概是这样的：

如果 P 是 q 的先决条件，那么 q 就会因为 P 而成为如此这般的，事实上 P 确实是如此这般的，并且，不是如此这般的 q 是不可能想象得出来的，那么，P 就无疑是 q 的先决条件，P 就当然是真的。与最早的哲学论证相比，可以看出一些有趣的联系和差别。古希腊人迷恋的是一种反论形式：如果 P 则有 q。可是非 q，所以非 P。这一柏拉图所推崇的论证模式来源于苏格拉底的辩论方法以及芝诺热爱的"归于不可能"论证（reductioadimpossibile），也大概属于后来所谓的"归谬法"（reductio ad absurdum），也称为反证法，归谬论证攻击力很强大，只要故意鸡蛋里挑骨头，就很少有什么论点能够经得起它的批评。归谬法似乎可以用来推翻任何普遍命题，因为对普遍命题非常不利的反例并不难找。

归谬法过于轻率的杀伤力使哲学家一方面很有成就感，另一方面又很受挫。不过，归谬论证所适合的知识领域到底是哪些，范围又有多大？这是个被忽视而未加审查的问题。归谬论证以某个特殊反例去反驳某个一般论点，这种反例的一票否决标准对于数学和科学是合理的，但是对于哲学和人文社会知识，却必定伤害太多必要的或伟大的观念，甚至使所有哲学或人文观点都变成可疑的。但是，哲学观念和人文知识与科学有着非常不同的性质，并不适合使用科学标准。奇怪的是，反例否证法在当代哲学中仍然被经常使用（例如分析哲学就很迷恋"举一个反例"），却无视它所产生的谬误比它所能够反对的谬误更多。很显然，没有哪个哲学或人文理论能够绝对地避免反例。

以归谬论证为绝技的古典形而上学论证没有能够帮助古希腊人发现真理，相反，它是导致怀疑论的重要技术条件。苏格拉底所发现的知识无非是"知道自己无知"，这一发现对于哲学的知识追求几乎是一个宿命性的隐喻。尽管柏拉图的理念论是阻击"无知"宿命的一个天才想法，可是他没有能够成功地发展出保证知识基础的方法。有想法而没有办法，终究是无用的。康德敢于自称哥白尼革命，就在于他相信自己终于找到了能够确定知识基础的方法。由康德总结出来的先验论证所使用的核心技术其实主要还是归谬法的技术，其新意在于选取了一个"自卫性的角度，即试图去证明P的否定命题，P不可能成立。这个思考角度被证明是个关键点，它不再依赖经验个案的反例，而单纯依靠逻辑的力量，因此更有说服力，先验论证的特殊之处就在于选择了自相关结构来进行自卫，从而造成了"我真的有理由自己证明自己"这一耸人听闻的效果。与古希腊以来的传统的归谬论证不同，先验论证力图克服怀疑论，它关心的是如何把某种东西证明为绝对无疑的，而不是如何把各种东西都证明为可疑的。

8. 逻辑改写

哲学分析有一项主要的技术可以称作逻辑改写，它运用的是在现代发展起来的数理逻辑技术。无须经过专门学习天然就会的逻辑大概相当于传统逻辑，数理逻辑则是应用数学技巧发展出来的一种据说更为先进的逻辑。

分析哲学家发现，哲学上的大多数错误其实是人们不恰当地使用语言而造成的，是语言错误导致的思想错误，人们为语言的花哨表达和概念所误导，以为说出来的就都是思想，以为凡是语言能说到的就是存在的东西，于是用语言制造了许多假思想。当然，这个问题有着严重争议，分析哲学家认为语言会说出太多它不应该胡说的东西，言多有失，这是以真实事物和真理为原则在限制滥用语言。

不过，许多哲学家并不同意这种激进观点，因为语言并不仅仅是为了说出真理和科学，语言还要做更多的别的事情，语言是表达全部生活内容的行为。

　　语言能够表达我们心里想的"意思"，当听到一句话，我们能够知道这句话说的是什么，也就是知道这句话的内容。通常人们所说的语言的意义指的就是说出来的内容。

　　分析哲学家发现，"内容"只是作为含义的意义，真正的意义是语言的"逻辑意义"，它隐藏在"内容"之中，这种逻辑意义才是语言真正有所谓的意义。有时候一句话从内容上看好像没毛病，但如果深入到它的逻辑意义中去，则可以看出是一句不合理或者不真实的话，"逻辑改写"就是把语句的表而意义改写成它的逻辑意义，这样就容易看出人们经常在胡说八道。逻辑改写就是检查语言是否胡说。

　　我们在做事情时，总要讲讲条件。比如说，你打算买一辆白色的、时速达 180 公里、价格不超过 30 万元的小汽车，"白色、时速 180 公里、不超过 30 万元"这些规定就是你的"条件"，如果不满足这些条件，你就不想买。同样，我们在思想时说到某个东西，也是有条件的，如果说不清楚条件，就等于没有确定所说的东西，或者，如果说的东西与这个东西所需要的条件不符，就是胡编了某种东西。为了容易看清楚一个句子的逻辑意义，可以把日常句子写成逻辑句子，例如把"一辆白色的双座跑车正以 180 公里时速奔驰着"这个句子改写成"有某个东西，它要满足这样的条件：它是白色的；是辆双座跑车；它正以 180 公里时速奔驰着。"显然，一个事物是否存在，并且在什么样的可能世界中存在，完全要看我们为这个事物开列的存在条件。假如开列的条件只能支持这个事物在神话中存在，那么，这个事物就仅仅存在于神话中而不能混在真实世界，假如所罗列的条件在任何可能世界中都是不可能的，那么，所说的"某个东西"就根本不存在。任何试图混淆不同可能世界中的东西的话语就是胡说。

　　在日常句子中我们总是理所当然地说到某种东西，就好像只要说出某个东西就有了这个东西一样。严格的语言反对这种过于随便就承认了太多事物的形而上学恶习，在逻辑句子中，如果还没有说出某个东西的可信存在条件，就不能承认它的存在。假如有人说到"一个内角和为 360 度的三角形"，我们会马上指出这是荒谬的，因为"360度"这个条件不能满足。罗素举过一个例子"现任法国国王是个秃子"，按照平常的习惯，有人可能会反驳说"他不是秃子"，可是这样说就已经上了形而上学的当，因为问题不在于是不是秃子，而是现在根本就没有法国国王。如果按逻辑句式写成"有某个东西，它要满足这样的条件：它是个人，并且他是现任法国国王，并且他还是个秃子"，情况就清楚了。罗素的意思是说，古典哲学中使用了太多类似"现任法国国王是秃子"那样坏的语言，结果人们糊里糊涂地默认了许多并不存在的东西，还为那些不存在的东西到底是什么样的争论不休。

9. 思想的语法

哲学分析还有一项技术，它要求按照"思想的语法"去判断一个思想是否有意义。这项技术的发明主要归功于维特根斯坦。"思想的语法"这个说法有点怪。语法通常说的是语言的规则，说话要遵守语法，不然说出话来就乱七八糟不可理解。"思想的语法"是一个比喻，它说的是，思想也要遵守一些思想的规则，否则就会胡思乱想不着边际。逻辑就是典型的思想规则，不过，逻辑是只管形式的规则，逻辑管不住野马脱缰的内容，维特根斯坦相信在逻辑之外还应该有另一种思想的语法。某种意义上，逻辑就像一个游戏的规则，它规定了什么是可以做的和什么是不许做的，而思想语法就像是游戏的策略，显然，在可以做的范围内，有一些策略是愚不可及的，思想语法就是要排斥思想上的愚蠢策略。

按照思想语法去分析思想，又叫做思想的"治疗法"。人有病就要治疗，思想有了病也要治疗，治病需要一定的疗法，在这个意义上，思想语法就是思想疗法。思想的治疗法主要有两种：第一，看病先要诊断。思想的诊断就是考察一个问题是不是一个能够回答的问题。如果我们提出一个不能回答的问题，也就是根本不存在答案的问题，就像废话一样是多余的，可以说是"废问"。假如为"废问"而劳神苦求，就是思想有病。第二，当解答一个问题，答案必须是一个可以理解的事实，不然就是胡说，说了白说，就是思想有病。这就像医生开出的药方必须是能配得成的，不能是一些根本找不到的东西，比如说不能开出"万年龟、十丈人参"这样无聊的药方。

可以参考维特根斯坦运用"思想疗法"的例子（有改动）。人们提出问题，往往是由于对某种事情感到惊奇，那么，什么事情能让我们惊奇呢？显然只会对反常现象感到惊奇，比如说看见老鼠打败大猫（就像Jerry打败了Tom），或者见到一个老人返老还童，这种离奇的事情会让我们惊奇，所以才想问为什么。只有当我们能够想到一种东西不该是这样的时候，才能有惊奇，更哲学地说，如果一件事情是这样的，我们又能想象出这件事情能够不是这样的，我们才有了惊奇的合法条件，才能提出有意义的问题。假如有个人居住的地方永远都是阴天，他就可能会对蓝色的天空感到惊奇，就有理由提问说"天空怎么会是蓝色的呢？"这样的事情虽然十分罕见，但并非不能理解。

可是如果有人说"无论天空是什么颜色，我都感到惊奇"，这种惊奇就是无理由的惊奇，就是思想有病。类似地，有的哲学家很深沉地提问到"为什么世界居然存在而不是不存在？"而且沾沾自喜以为自己提出了真正深刻的问题，这就让人不解了，因为世界存在着，它不可能不存在，并没有第二个选择，所以根本不构成问题。只有当一

个事情存在着至少两种选择，才能够形成一个有意义的问题，而像
"世界存在"，它是唯一的情况，我们别无选择，所以，这类哲学问题
就属于"废问"。

上面这个例子是我觉得最有趣的，不过维特根斯坦最有名的思想
治疗例子是"私人语言"。有些貌似深刻的哲学谈论了一些难以理解
的话语，还有的哲学家相信自我有着内在自足完满的意识，这些独白
式的哲学如果能够成形，就必须存在着某种私人语言，那么，私人语
言可能吗？维特根斯坦尝试证明这是一个思想谎言。假定有人自己定
义了一种私人语言，别人都不懂，因为别人无法窥探他心里想什么，
这一点不成问题，就好比一种别人不懂的密码。不过，私人语言不能
只是一种密码，密码仍然是可以理解的，因为密码无论多么独特，它
仍然有着稳定确定的语言规则，它的元规则与公共语言的元规则是一
致的，一旦密码的规则被公开或者最终被破译，人们就能够理解其意
义。因此，要使一种私人语言在任何情况下无论如何都不可能被破译，
它就只能使它的每个词汇和规则都成为一次性的，决不重复，就像流
水一样，可是，假如真的如此，自我意识也就不可能理解自身的这种
私人语言了，因为这种语言像水一样毫无痕迹地溜走了，自己甚至不
可能记住自己想象的语言。由此，维特根斯坦证明了意识需要外在条
件，比如公共语言，意识不可能自己说明自己。

10. 博　弈

一般都知道博弈论是冯·诺依曼所创，其实最早的博弈论是孙子
和老子的思想。孙子和老子的博弈原则即使在今天仍然是极其高明的，
但从理论构造上说还不是成熟的博弈论。顾名思义，博弈论就是游戏

理论，但这一点有些似是而非，它虽然与游戏概念有关，但实质上并不是关于游戏的理论，而是关于冲突和合作的理论，比较准确地说，"游戏"只是一个隐喻，它指的是人类社会就像是个游戏，人们为各自利益而竞争、比赛甚至战争。维特根斯坦也试图以"游戏"为模式去理解人类行为，不过，维特根斯坦研究的是规则问题，而诺依曼研究的是策略问题。我们这里要讨论的是作为策略问题的博弈论，也就是关于人类冲突的一般理论。

博弈论通常借用经济学对人的一般理解，同样假定：（1）博弈中的人是自私的，永远追求自己的利益最大化；（2）人们总是以理性的策略去争取自己的利益；（3）人们互相不信任。可以看出，这几个假定并非人类面目的完全写真，所以经常遭到批评，不过，这些假设仍然是最成功的假设，它们虽然不是全真的，但也是似真的。就是说，对于解释大多数人在大多数情况下的行为是有效的。因此，在找到更好的假定之前，人们还是承认这一解释模式。

与人们的利益追求相比，资源永远有限，这是个事实，所以，冲突就成为人类的最大问题，从理论上看，解决冲突的最合理方案是公正分配。即使得人们恰如其分地得其应得，这是几乎所有哲学理论共同承认的理想。但是，公正虽然是最合理的，却不是最可能的。人性贪心无厌，斤斤计较，寸土不让，但其实又互相制约，互相限制，无人能够随心所欲。每个人的争利行为都是一个策略，每个人的策略都构成对他人策略的制约，每个人都必须有应对他人的策略，于是形成了人们之间的策略互动互制。博弈论试图揭示互动互制的策略规律，当然，这种规律并非像自然规律那样是普遍必然的，只是最有可能的，这已经足够有用了。

诺依曼发现的一个定理称为"最大最小规则"，如果从相反方向去看则是"最小最大规则"，它们在本质上是等价的，是双方对等的策略。假定博弈双方不想拼个你死我活，或者谁都没有把握完全吃掉对方，但也谁都不愿意吃亏，都愿意在能够避免最坏情况的条件下进行合作，那么，满足最大最小规则的利益分配就是最符合逻辑的，这一规则的基本精神就是确保自己得到一个最不坏的结果。

"分蛋糕"是一个经典例子：两个小孩分一个蛋糕，谁都想尽量多吃，但这不现实，因为谁都决不让对方多吃，唯一公平的方法是，一个人切蛋糕，另一个人先挑选。由于可以预见先挑的人必定挑大块的，切蛋糕的人的最好选择，也就是最不坏的选择，就是把蛋糕切成一样大。值得注意的是，这个结果虽是公正的，但却不是出于公正的动机和要求，而是出于自私，导致这一公正结果的原因是博弈的客观条件，是形势所迫的公正。这似乎意味着，人性自私仍然能够形成公正合作。

罗尔斯受到"最大最小规则"的鼓舞，设计了"无知之幕"，试图证明，假如每个人都被无知之幕蒙住眼睛，无法知道自己和他人的能力差距，也不知道自己的社会地位和未来的可能性，在这样毫不知己也不知彼的情况下，自私自利的人们必定会选择一个实际上公正的社会制度，这个制度在利益分配上将相对最有利于处境最差的人们，大概接近"损有余而补不足"的意思。他的计算法是，由于人们担心万一揭开"无知之幕"之后发现自己属于处境最差的人，为了避免这一最差结果，人们就一定会给自己留出保险的后路。罗尔斯这个理论影响巨大，很有魅力。但美中不足的是，罗尔斯似乎计算得不太对，他的劫富济贫式公正并非"无知之幕"的唯一有效解，理论上其实存在着两个以上的有效解，而且严格地说，罗尔斯解甚至不是最优解，最符合"最大最小规则"的解应该是平均主义，每个人都得到平均利益，这才是一个能够满足最保险要求的解。

更深刻的博弈论问题是纳什提出的。纳什发现，在更多的悄况下，即使人们有心合作，而且，如果合作就明明会有双赢的最好结果，也会由于无法确保互相可以信任而必然导致不合作的坏结果。纳什这个由数学算出来的无懈可击的结果严重地打击了人类各种美好理想和价值观，形成至今难以超越的一个根本性困难。最典型的例子是"囚徒困境"：两个疑犯涉嫌重大犯罪，警方对他们分别单独审问，告诉他们说有三种选择：（1）都坦白，则各判8年；（2）一个坦白，一个抵赖，则坦白的释放，抵赖的判12年；（3）都抵赖，则将因其主要罪行证据不足而各判1年。很显然，如果他们信任对方而选择一致抵赖，这是最好结果，但是。残酷的逻辑是，由于他们是理性的、自私的、不信任对方，不愿意比别人吃亏，不愿意冒险，因此他们必然地都选择坦白，得到了一个虽然不是最差但也足够悲惨的结果。

目前，博弈论能够深刻地分析人类如何不合作，但还不能很好地说明如何形成合作。看来，解释坏事容易，解释好事就难得多。

第四章　心灵感悟

　　人生就必须有自己独特的感悟，不管我们处于什么样的困难处境中，我们都不能自暴自弃，因为只有经历过我们才会成长，才会有自己对于人生独特的见解。

1. 静坐感悟而生禅

　　外面，风卷残叶，屋内，阳光暖暖，伏在案前，思绪散漫，潋滟。

　　安然的日子里，阳光从窗子上静静的流泻进来，洗涤，浸漫，翩跹如烟。

　　静坐心海，遥思广阔，时光仿佛瞬间变成了一缕光线，缠绕在指间，如烟隐入了心音之中。

　　静坐，安静祥和，拈一首古诗，让自己徜徉在古人青衣宽袖的随意，徜徉在那游山玩水的惬意之中，感受高山流水，瀑布深潭，风吹鸟鸣，在一份心灵的情境中，渐渐地超然。

　　静坐，听风，听自然的禅音，风动，云动，听自然的流动，身心如沐甘霖，感觉无拘无束的自由。

　　静坐，听音，风吹过树枝，呜呜的响，像笛箫，像古筝，清音流淌，意境空灵，是一种静心的禅音。

　　静坐，听自然之禅音，悟自然之天地，冥想山与水的禅机，静思悲喜与得失，万物之因果，都应了遵循自然之道了。

禅宜静，而禅寓万物，只能与静中感受，山是静的，沉稳与雄伟，是一种庄重的静；水是静的，可透明，可如镜，都有着不悲不喜，无欲无求的坦然。

禅宜静，而寓万相，天，地，人，道，无不在静中轮回。

因为静，我们才能心底清澈，因为静，我们才能聆听细微，因为静，我们才能保持一颗平常心。

而静坐，听禅，听的就是一种心境，山水之间的寂静，水云之间的平静，反应到心里，就是一种远离嘈杂的静虚之境。

禅，无所谓高深，静坐之时，一颗琉璃心，涓涓浅思，在云水之上遥听飘渺心音。

禅，无所谓修行，静坐之时，一杯素茶，袅袅生梦，在落花之上浅唱流水的梵音。

禅，无所谓虚空，静坐之时，一朵心莲，濯濯而放，在岁月之上听风摇青莲的弦音。

静坐，听禅，听的是一份风轻云淡，听的是一份尘埃落定，听的是一份海阔天空，听的是一份心灵的流苏。

听风，听雨，听禅；问心，问水，问山，答案都会是来去自然，心尘不染若问禅声何处？万物万相都是禅机，一茶，一卷，一思，一想，一山，一水，一风，一月，都在红尘之内，也在红尘之外。

花开花落是禅偈，物是人非是禅偈，天光云影是禅偈，皈依心静，从而心定，守意、心明即是禅境。

静坐，感悟，而生禅；心灵感韵，而生禅。

禅，即是静坐，心韵相依，无它。

2. 小不忍则乱大谋

生活中，面对不同的环境，不同的对手，有时候采用何种手段已不太关键，而如何保持好自己的情绪才至关重要。

每个人都有自己的情绪，而情绪是一种很滑溜的东西，有时滑溜得让人捉摸不到，但是，不管怎么滑溜，你都要想办法将它捏得紧紧的。因为这关系到你能否在社会上游刃有余地生存。

有许多人能把情绪收放自如，这个时候，情绪已不仅是一种感情上的表达，而且成了攻防中使用的武器。有时候，掌控不住情绪，不管三七二十一发泄一通，结果搞得场面十分难堪。生活中，每个人都难免会碰到这种擦枪走火的状况。但是，聪明人有将不良的情绪马上收回来的本事。

自古以来，评价人的标准，只要看一个人的涵养和行事的风格，就知是否可以成为可塑之才，是否有大将之风，因此要成为人上人，除了常识与能力之外，全视其能否将情绪操控得当。

一个人的涵养来源于他的修养，有修养之人都懂得控制情绪。遇事不能冷静，并且以某种极端手段处之的人，决不是一个有修养的人。

情绪处理得好，可以将阻力化为助力，帮你解危化险、政通人和。情绪若处理得不好，便容易失去控制，产生一些非理性的言行举止，轻则误事受挫，重则违法乱纪。

隋朝的时候，隋炀帝十分残暴，各地农民起义风起云涌，隋朝的许多官员也纷纷倒戈，转向帮助农民起义军，因此，隋炀帝的疑心很重，对朝中大臣，尤其是外藩重臣，更是易起疑心。

　　唐国公李渊（即唐太祖）曾多次担任中央和地方官，所到之处，悉心结纳当地的英雄豪杰，多方树立恩德，因而声望很高，许多人都来归附。这样，大家都替他担心，怕遭到隋炀帝的猜忌。正在这时，隋炀帝下诏让李渊到他的行宫去晋见。李渊因病未能前往，隋炀帝很不高兴，多少产生了猜疑之心。当时，李渊的外甥女王氏是隋炀帝的妃子，隋炀帝向她问起李渊未来朝见的原因，王氏回答说是因为病了，隋炀帝又问道："会死吗？"

　　王氏把这消息传给了李渊，李渊更加谨慎起来，他知道迟早为隋炀帝所不容，但过早起事又力量不足，只好隐忍等待。于是，他故意败坏自己的名声，整天沉湎于声色犬马之中，而且大肆张扬。隋炀帝听到这些，果然放松了对他的警惕。这样，才有后来的太原起兵和大唐帝国的建立。控制好情绪需要理性的克制，需要雅量。雅量，将使你面对攻击者保有最完美的自尊和最充分的人格主动权；雅量，还将最终迫使攻击者情愿或不情愿地走向道德法庭的被告地位。克制，乃为人的一大智慧，它有助于人们在攀登理想境界的征途中，消除情感世界不可避免的潜在危机。因而，对于一个成功的开拓者来说，它既是实现既定目标的保证，又是取得更大成功的起点。假如李渊当初听了隋炀帝的话，怒火中烧马上与之理论或采取兵变，很可能会因为准备不足，时机不成熟而失败。一旦失败，则永无机会从头再来了。

　　人生箴言：我们这里讲的忍，是一种等待，为图大业等待时机成熟，忍之有道。这种忍，不是性格软弱，忍气吞声、含泪度日之举，而是高明人的一种谋略，是为人处世的上上之策。

3. 种植宽容收获感动

什么是宽容？宽容是宽大有气量，原谅不计较他人。宽容是一种非凡的气度，宽广的胸怀，是对人对事的包容和接纳。茫茫人海，面对一个小小的过失，一个淡淡的微笑，一句轻轻的歉语，带来包涵和谅解，这就是宽容。

莎士比亚说：宽容就像天上的细雨滋润着大地，它赐福于宽容的人，也赐福于被宽容的人。

三国时，诸葛亮初出茅庐，刘备器重有加，关、张二兄弟不服，处处刁难，冷嘲热讽，诸葛孔明却胸怀大局，一笑置之，在曹兵来犯时，仍重用他们，使新野一战大获全胜，也彻底征服了关、张二将的心，让他们佩服得五体投地。这，就是宽容的力量。

宽容是一盏温暖的灯，让人处处感受光明；宽容是一泓清冽的泉，让人时时感到舒心；宽容仿佛一座桥梁，连接着你我他的心灵……

公共汽车上，你踩了他的脚，他碰了你的腰，彼此轻轻的一句道歉或一个微笑，就会让愤怒全消。

生活中，有人在背后说你的坏话，没关系，一笑置之，所谓"没做亏心事，不怕鬼叫门"。

工作中，你的朋友无意中或有意识的伤了你的心，随它去，终有一天，他会扪心自问，自惭形秽。

宽容别人，不计较别人的错误，实际上也是善待了自己，因为当你怨恨甚至打击报复别人时，你的心情也一定处在郁闷和难过之中，这种怨恨郁结于心，时间久了，难保不会生病，而一笑置之，放开心态，会轻易地将堵在心口的那块石头搬掉。我们何乐而不为呢？

拿别人的错误来惩罚自己，太不划算。而学会了宽容，你的心情会豁然开朗，无意中，你会发现天还是那么宽，海还是那么蓝，一切还是那么美好。也许这就是"退一步海阔天空"的神奇功效吧？

在这个世界上，没有绝对的对与错，同一件事，往往由于观点不同，做法也会不同。当你觉得受了委屈时，不妨从另一个角度思考一下，不要因为别人的一个不得已，而去斤斤计较。以德报怨，宽容他人，也真真正正地体现了一个人良好的人格修养。

做人要宽容，宽容是一种素质，一种情操，一种美德，一种待人的艺术，一种坦荡的胸怀，一种处世的经验。

人，活在世上，都希望自己多一点友爱，多一点欢乐，而宽容正是给别人留了回味的空间，你也在感动别人的同时，收获了自己的一片蓝天。

宽容是一种无声的感化，它会化敌为友，化干戈为玉帛，化寒冷为温暖。

当然，宽容并不是软弱，也不是无原则地宽大无边，而是建立在自信、自助的基础上，对于那些蛮横无理和屡教不改的粗鄙之人，我们绝不能手软。

雨果说：世界上最宽阔的是海洋，比海洋宽阔的是天空，比天空更宽阔的是人的胸怀。

生活那么美好，我们没有必要把自己的精力和时间浪费在无聊的斤斤计较上。多一点宽容，就少一份纷争；多一点宽容，就少一份痛苦；多一点宽容，就多一份理解；多一点宽容，就多一份美好。

亲爱的朋友们，种植宽容吧，阳光下，你会收获满满的感动！

4. 痛苦是自己找来的恶缘

待人处事，必定要"声色柔和"，不可夸耀自己的才华或骄傲自大。若不谨言慎行，往往会招来他人的嫌怨，明明在群众中，却会被人排斥、距离拉得很远，因此觉得孤单寂寞。像这样实在是很不快乐的人生，也是失败的人生；而这都是因为自己的过失，所招惹来的众怨。

爱自己并不是指放纵自己。大部分人并不真正爱自己，因为他们有一些不太好的习惯。每个人都有无数的反应——喜好或厌恶。我们在喜欢某些事物的同时，也会讨厌某些事物，而且会压抑它们，不想承认。以这样的方式对待自己，会妨碍我们对真理的追求。

人生中难免遭遇痛苦，生起烦恼，但我们不必为此自我折磨。如果一直盯住白墙上的几个墨点不放，黑暗就会占据你的视野。同样的道理，如果总是粘着于生命的某些片段，就会让你失去完整的人生。放过自己，不折磨自己，也是一种放生。

你是否还在为追求优越的生活而苦恼？是否还在为体型不苗条而忧虑？是否为脸上的痘痘而担忧？是否为自己的样子不好看而灰心丧气？放下烦恼真的很难吗？其实真的不难！阳光不会因为这些而不洒在你的身上的！抬起头，美丽的天空一直都在你的眼前！

真正珍惜生命的人，应当懂得享受自然，享受清新的空气、和煦的微风、温暖的阳光，而不是在盲目的占有、比较、竞争中消耗生命。在忙碌中保留一份闲暇，使心灵获得更自由的空间。只有活得简单，才能活得轻松自在。

面对强大的烦恼，很多人会觉得"我不行"。其实，人心是可塑的，你可以亲自培养出烦恼和习气，自然也能培养出正面的情绪。克服和改掉坏习气，勤修善法，正面的力量就会不断增强，自然不会被负面的情绪和行为牵着走。你的人生，你可以做主。

5. 当心态爱上思维

心态可以扰乱思维，但是思维可以改变心态。心态这个东西，我们看不到摸不着，而它却隐形的潜伏在每个人的身上。有些时候，我们甚至控制不了它，或恐慌、或兴奋、或悲伤……看过苏洵的《心术》之后，我们都知道：为将之道，当先治心。无论以后做什么事情，拥有一个良好的心态可谓是一笔无价的财富。狄更斯说一个健全的心态比一百种智慧更有力量。我是同意这种看法的，物随心转，境由心造，烦恼皆由心生。可见心态可以左右我们的情绪，但是我们可以控制好自己的心态吗？我深信答案是可以的，这一切只能交给时间去证明。

你还记不记得因为某件事而伤心，可是等过了一段时间以后，便没有那么深刻了，渐渐地一切忧伤都被冲淡，心情才慢慢反转过来。在这之间，我承认有时间的功劳，可是我认为最为关键的就是自身的思维，只有彻底想明白了，才会走出伤心地阴霾。变换一下思维，就可能让你的心态直接多云转晴。人生在世，意外和明天不知道哪个先来。所以想要活好现在这一刻，就应该督促自己，去寻觅属于自己的那份心态。

我以为整天稀里糊涂地生活，活着与死去没有什么区别，尽管我也是如此。如果现在有人问我在 2013 年，最希望得到的是什么？那我会毫不犹豫的告诉你，我只需要两个字，那两个字不是金钱、不是名誉、不是权贵……而是心态。只要拥有了它，我相信所有美好的事物都会接踵而来。很有可能会有人说，心态，不是人人都有的吗？这话虽然不错，可是你能做到泰山崩于前而色不变，麋鹿兴于左而目不瞬吗？在大难临头时你可不可以镇定自若呢？在面对邪恶时你可不可以临危不乱？在面对得失时你可不可以一笑付之……如果可以的话，说明它真的属于你了，如果没有的话，我想我们还需要继续追寻。

爱默生说：一个朝着自己目标永远前进的人，整个世界都给他让路。不要以为那颗令人称羡的心态只为伟人所有。我们同样可以做到。在这个世界上没有人瞧不起你，只有自己瞧不起自己。

当心态爱上了思维，我们可以做到得意不忘形，失意不失态。我们的思维会始终控制着心态，让它平静如水。再烦，也不会忘记微笑；再急，也会注意语气。

哲人无忧，智者常乐。并不是因为所爱的一切他都拥有了，而是所拥有的一切他都爱。心态难得，只有让我们的思维使劲地去说服那不良的心态，让它逐渐平静，时间久了，经过岁月的修炼，时刻保持心态平衡，最终整个世界都归你所有。

稍微了解我的人都知道，我基本上都不怎么拿钱的，最多也就带个百十块钱。这是因为以前我经常丢钱，每次丢钱难免都会心疼。那时候我就想就算买东西吃了吧，或者找点别的理由，让我把这种情绪给转移开来，那样情绪就慢慢的变好了，后来我又想带的钱够用的就行……总之心态是随着思维的变动而变动的，只要想着向好的方向去发展，那么你所收获的肯定就是你所希望得到的结果。

当心态爱上了思维，二者完美结合可以打造出一个成功的自己。命里有时终须有，命里无时莫强求。不要去强求那些不属于自己的东西，要学会适时的放弃。保持一颗平常心态，就能活出更潇洒的人生。这样，我们会在绝望中摆脱烦恼；在压力下改变心态；在痛苦中抓住快乐；在失败中找到希望。

学会让自己安静，把思维沉浸下来，慢慢降低对事物的欲望。把自我经常归零，每天都是新的起点，只要你对事物的欲望适当的降低，会赢得更多的求胜机会。当心态浮躁不安的时候，就让思绪冷静下来安抚一下，只要在心里悄悄地告诉自己，你可以让心态平静下来，就是一个为将之才。暂时的失败可以帮你赢取一个更美好的未来。

珍惜身边的人，用语方面尽量不伤害，哪怕遇到你不喜欢的人，你尽量迂回，找理由离开也不要肆意伤害。凡事先想后做，摆正心态，遇到棘手的事情，冷静点，然后想如何才能把它做好，去寻求解决的方案。

要相信，只要此刻还活着，就没有必要紧张。只需要思维的一个转身，那颗平静的心态就属于你。

"一天一秒钟"，中央电视台第二频道"第一时间"的"昨日之最"向我们介绍了一个"最奇特的日记"。

美国动画师、纽约人塞萨尔·库里亚马在30岁生日的时候，想出了这么一个主意：每天拍摄自己生活中的一秒钟，连续一年集合成了一部6分多钟的小短片。

时隔一年之后，他终于完成了自己的大作。同时，塞萨尔·库里亚马觉得这玩意也改变了自己的生活。塞萨尔·库里亚马说："为了保证这个视频每一秒钟都不一样，我不会天天都窝在沙发上。它激发了我的创造力，我试图每天都有一些新鲜。"短片记录了美军突袭本·拉登这样的历史事件，不过更多的是节日、自然、亲友的柔情时刻等。

塞萨尔·库里亚马还表示：如果自己能够活到80岁，就会留下5个小时的录像为自己画上一个完美的句号。

一秒钟，就那么一瞬间，但是，它依旧是我们生命中一个重要的单元；一秒钟，在每一个人的生命中，显得是那样微不足道，以至于我们常常把它忽略；一秒钟，到底具有多大的作用，也许我们很多人从来就没有认真想过。

让我们潜下心来，让我们静下心来，让我们反复斟酌，让我们仔细思考，我们就一定会发现，一秒钟，是那样地神奇，一秒钟，是那样的让人难以置信。一秒钟，我们可以走一步路；一秒钟，我们可以眨几次眼；一秒钟，我们可以翻一页书；一秒钟，我们可以读几个字……灾难来临之际，一秒钟，可以使大地颤抖，山河移位，生离死别；扳道工、火车司机、汽车司机的机敏，一秒钟的紧急刹车，可以避免一次重大的交通事故发生。

其实，当我们仔细回首往事的时候，一定会发现，在人生的历程中，常常是何止是一秒钟，有时候就是零点零几秒也可以决胜负，或让我们遗憾终生，或让我们难以释怀。最为经典的例证就是2012年8月4日伦敦奥运赛场上，我国自行车运动员郭爽以0.024秒之差负于英国运动员彭德尔顿，与冠军擦肩而过。

塞萨尔·库里亚马先生的"一天一秒钟"，让我们真正发现，无论你我天资如何，无论你我机遇怎样，只要你我做一个有心之人，我们的人生就一定会朝着我们所期望的方向发展，我们的人生就会减少很多很多的遗憾和失误；只要你我做一个有心之人，我们就可以为自己的人生增添很多的精彩，我们就可以为自己的人生抒写一段段终身难忘的华章。

一年365天，一天24个小时，一小时60分钟，一分钟60秒，这对于任何一个人来说，都是公平的；上苍既不会多给谁一分，也不会少给谁一秒，所不同的是，我们每一个人的人生的计时单位，决定了我们到底是一个富翁，还是一个穷人。因为在同样的环境中，在同样的时间里，从精神到物质，从成功到失败，人与人最终的差异是那么地大，有很多时候大到让人难以令人置信。其实中间最大的奥妙，也许就是在于我们对于时间不同的态度，尤其是不同的计时方法。在同样的时间里，用秒来计算时间的人，肯定会比用小时、用分钟来计算时间的人更加富裕；用小时来计算时间的人，则肯定会比用天、用月来计量时间的人更加富裕。当然，在同样的时间里，我们中间有的朋友更注意充分地利用时间，甚至做到了把别人玩的时间都用在读书学习上，用在思考实践中。鲁迅先生曾经自豪地说道：哪里有什么天才，我是把别人喝咖啡的时间都用在了读书和写作上。仔细回顾鲁迅走过的人生之路，我们一定会欣喜地发现，包括鲁迅先生在内的许多伟人名人的成功，就在于他们注意把一些零散的时间"焊接"起来，从而铸就了令人羡慕的丰碑。

"一天一秒钟"，记住这个真实有趣的故事，记住这个有心的美国人，如果我们能够好好地向他学习，从现在开始，从小事开始，从转换我们以往的计时单位开始，力争做到每天怀一颗智慧之心，怀一颗虔诚之心，怀一颗热忱之心，投入到自己的学习、工作和生活中去，我们一定会深切地感受到学习、人生、生活是一件多么快乐的事情，是一件多么值得我们全身心投入的事情。

6. 做一个心灵健康的人

做一个心灵健康的人，多一些坚强、达观和积极拥有健康的心灵，能让我们学会正确看待自己，多一些心平气和，多一些达观，多一些积极进取，多一些毅力和自信。心灵健康，能让我们学会不断主动地进行自我调遣，调整自己的情绪，优化自己的性格，磨砺自己的意志，学会和谐地与人相处。

报载：一位家住上海浦东新村的高三男生，因学习成绩总分从班上的前十名下降到第十三名而承受不了来自家庭、学校方面的压力，无法化解心中的烦躁、愁闷和担忧，一时想不通，从附近一栋17层居民大楼跳楼自杀，结束了自己的青春年华。

有关自杀的报道越来越多，人们不禁会问，为什么在物质生活越来越丰富，人们越来越讲究科学生活的今天，人们的情感却如此脆弱呢？究其原因就是人们对健康的概念理解不够。长期以来，人们在关心子女时仅仅在乎是否吃饱吃好，身体是否强壮。大量的广告都是有关健身和美容的，我们有限的精力和宝贵的时间都花在这个上面。

世界卫生组织给健康下的定义是：健康不仅仅指躯体上没有疾病，还应当包括心理和社会适应能力等方面的健全与最佳状态。一个人只有身体和心灵都健康，才称得上是真正的健康。而现实中，人们只注重身体健康，忽视了健康的另一半——心灵健康。

菲律宾的罗慕洛，穿上高跟靴之后，也只有1.6米，他实在太矮了。年轻时他曾经因此而自惭形秽，苦恼不已，他曾想用穿高跟鞋的方式弥补自己的不足，但强烈的自尊心使他感到这样做并非良策。他决心改造自己，战胜自我。

罗慕洛读了不少心理学方面的书籍，使他懂得：对一个人来说，更重要的是气度，是一种精神力量，一种心灵的"高度"。于是他努力锻炼自己的心灵品质，拔高自己的心灵"高度"。本来矮子是不适宜于当外交家的，而他却当上了外交部长，成为世界著名的外交家。

拥有健康的心灵，能使我们面对急剧变化和发展的社会，不断主动地进行自我调遣，调整自己的情绪，优化自己的性格，磨砺自己的意志，学会和谐地与人相处，从而更好地立身于社会，在社会中得到发展，成为对社会有用的人。

只要我们正确看待自己，乐于交往，多一些心平气和，多一些达观看世，多一点积极进取，多一点毅力和自信，不必吃药，你便会拥有健康的心灵。

陶行知有句名言："健康第一"。比身体更重要的是"一个追求真理的人，以与患难搏斗为乐"，即"健身先健心"。健身仅能铸就强壮的身体，健心却能塑造不倒的灵魂。

7. 学会感悟

学会做三件事

人一辈子有"三天"，即昨天、今天、明天。这"三天"中"今天"最重要。要想过好今天，要学会做三件事。

第一是"会关门"。把通往昨天的"后门"和通往"明天"的前门都关紧了，人一下子就轻松了。

第二是"会计算"。要学会计算幸福。有些人对自己做过的好事一件也记不住，对自己做错的事记得最牢，徒增许多烦恼。

第三是"会放弃"。请牢记："先舍后得，舍了才能得，舍了一定会得。"

学会说三句话

第一句话："算了。"钱包丢了，算了；电视烧了，算了；骨头断了，算了。对于既成事实，最好的办法就是接受。

第二句话："不要紧。"不管发生什么问题，一定要学会说"不要紧"。有人问邓小平："你在文革时受了那么多的磨难，为什么今天仍然神采奕奕?"小平回答："我一生都乐观，即使天塌下来也不怕，因为有高个子顶着。"

第三句话："会过去的。"有一句俗话，"天不会总是阴的。"别忧愁，一切都会过去的。

学习三种方法

三乐法：就是助人为乐、知足常乐、自得其乐。

三不要法：一是不要拿别人的错误惩罚自己；二是不要拿自己的错误惩罚别人；三是不要拿自己的错误惩罚自己。

年龄减十法：不要小看这种方法，它有明显的焕发青春的功效，心态年轻，人自然显得年龄。

8. 要射箭　先立靶

要射箭，先立靶。没有靶，你所发之箭就失去了其价值；没有目的的思考，就好像随波逐流的落叶，流到哪里就是哪里，永远没有能力决定自己的路该怎么走。

有时候，人们只是看到了自己的行为，而忽视了为什么要去做这件事情，以及它可能发生的结果。思考要伴随着目的和结果而产生，没有了目标和结果，思考就像是空中楼阁，难以稳当。

在一次课上，老师给同学们讲了一个故事：有三只猎狗追一只土拨鼠，土拨鼠钻进了一个树洞。这只树洞只有一个出口，可不一会儿，从树洞里钻出一只兔子。兔子飞快地向前跑，并爬上一棵大树。兔子在树上，仓皇中没站稳，掉了下来，砸晕了还在仰头观望的三只猎狗了。

故事讲完后，老师问："这个故事有什么问题吗？"

同学们争先恐后地回答："兔子不会爬树。"

"一只兔子不可能同时属于三只猎狗。""还有呢？"老师继续问。

同学们歪着脑袋继续思索，直到再找不出问题了，老师才说："可是还有一个问题，你们都没有提到土拨鼠哪里去了？"

土拨鼠就是你的目标，心中的目标丢了，你还知道下一步该怎么走吗？恐怕很难。

不知你是否见过航行者的图表，你会发现，在每一次的航程中，从起始点到终点站，其路往往并不是完全的直线，而是一条弯弯曲曲的连线，船长必须时时修正方向，以免船只因为各种外界因素的影响而偏离了轨道。但是有一点我们要注意，在航行过程中，唯一不会改变的就是航行的目的地。

思考也同样如此。各种各样的琐事纷纷扰扰，不要只是一味地随从，漫无目的地跟着感觉走，要始终记着自己心中的目标在哪里，不断修正方向，朝着你正确的目的地前进。只有这样，你才能更有针对性地向自己的求索之路前进。因此，走向成功的第一步，是制定明确的、正确的目标。约瑟夫·墨菲博士是一位牧师，也是教育学家，曾经写过名为《在睡梦中获得成功》的畅销书。关于目标，他在书中这样写道："如果你是物理学家，就应该去发现获得诺贝尔奖的物理法则。如果你是教育学家，就应该成为优秀的教师，激发学生们认真学习的热情。如果你是家庭主妇，就要维护家庭的安宁温馨，让丈夫和孩子得到幸福。如果你是医生，就要诊断准确、妙手回春，被患者们奉若神明。如果你是文学家，就应该写出拥有众多读者或是永存后世的作品。如果你是实业家，就应该生产出优质产品，广拓销路，获取正当利益，多给员工们发工资，让他们的家庭能够生活富足，给股东们丰厚的回报，并且出色地完成作为公司代表应承担的义务。"这就是墨菲博士所说的愿望。另外，他还这祥写进："成功会让人幸福，绝对不是坏事。"

当你确信自己的目标完全正确的时候，潜意识的力量开始引导你走向成功。如果你不知道应该把什么作为自己的目标，就不要想得太复杂，只要想着把手头的事情出色地完成就可以了。有些事情虽然现在还没做，但你觉得今后无论如何都要做，那就把这样的事情作为自己的目标吧！有些事例举世闻名，比如莱特兄弟的梦想是遨游太空，爱迪生的愿望则是发明电灯。世界上的发明或许就是依靠这些人的目标才得以实现的。

9. 准备好就一定能赢

如果目标定好，按原计划出发，那就可以事半功倍了。

也许有人会说：准备？不！最重要的是行动！立即行动！他们并没有意识到，使行动真正有效的恰恰就是精神思维的核心——准备。准备就是一个精心谋划的过程。《论语》中有"三思而后行"的古训，这句话的意思非常明确，就是教人们要养成做事前多思考的好习惯。"三思而后行"其实就是靠一个人独立思考的运用，从而精神上的准备，行动上的超越。

做好准备并不是胆小怕事，瞻前顾后，而是成熟，负责的表现。可有时准备太充足时容易贻误时机。正如鲍威尔曾经讲过的：在做决策的时候需要在掌握 40%～70% 消息的时候做出你的决策。信息过少，风险太大，不好决策；信息充分了，你的对手已经行动了，你就出局了。

准备工作与快速地把握时机并不矛盾，做事悄要学会把握时机，同时在决策的时候还要多思考。这样的人才有希望到达成功的彼岸，立于不败之地。

从前，有两个教士——威廉和汤姆，住在相邻的两座山上的教堂里。山间有一条小溪，他们每天都会在同一时间去溪边挑水。五年后的一天，汤姆没有下山挑水，威廉没有过多地在意。谁知第二天，汤姆也没出现，第三天也一样。就这样过了一个月后，威廉终于按捺不住了，要去探个究竟。

威廉来到了汤姆的教堂，看到汤姆正在十字架前祈祷。威廉好奇地问汤姆："你已经一个月没有下山挑水了，难道你可以不用喝水吗？"汤姆笑着说："我带你去看，你就会明白了。"于是，汤姆带着威廉走到教堂的后院，指着一口水井说："这五年来，我每天做完祈祷后，都会抽空来挖这口井。虽然我们现在年轻力壮，尚能自己挑水喝，倘若有一天我们都年迈走不动时，我们还能自己挑水喝吗？又会有谁能为我们挑水喝？所以，我从没有间断过我的挖井计划，现在终于成功了，我不必再下山挑水了。我可以有更多的时间来做我喜欢做的事情了。"

威廉很后悔，自己为什么就没有想到呢？

挖一口属于自己的井，为以后的工作和生活做好准备，就可以让工作更轻松，生活更美好。要保证我们在今后的日子里天天有水喝，而且还能喝得很悠闲，还能源源不断，要具备事先准备的意识。

没有什么能比忙忙碌碌更容易，但很多人没有考虑到，这种忙碌后的效果如何。要知道，缺乏准备的忙碌只是在白费力气。

其实，许多看似偶然的事件都包含着必然的因素，而准备却可以使偶然出现的机会变成必然的成功因素。让一个人去做一件没有准备好的事情，那么，这件事的失败在行动前就已经注定了。这样不仅浪费了时间和精力，而且付出的努力越多，失败的代价也就越大。

没错，准备好就一定能赢！这才是真正的优越意识！如果说成功确实有什么偶然性的话，这种偶然的机会也只会垂青于有准备的人。

世界上最可悲的一句话就是："钟经有一个非常好的机会，可惜我没有把握住。"遗憾的是，这种事情在很多人身上都发生过。其实，机会对所有人都是平等的，它有可能降临在我们每一个人的身上，但前提是：在它到来之前，你一定要做好准备。

准备好就一定能赢！这是一句多么简单而深刻的话呀，它是长者的建议，智者的忠告；它是悟者的提解，迷者的机会。唯有准备充足的人，才会站得更高，看得更远，做得更好，起点才会优越，更易走向成功！

10. 富有远见　减少失误

富有远见就是为自己种下了一颗谋略的种子。这是一种机智，也是一种胆识。让远见从理想变成现实，就要敢冒风险，预测未来。遇到不同的事应有不同程度的思考，对其深浅、大小远近，都必须具备相应的见识和谋略。

你在为即将进行的目标、计划做准备时，不论考虑得多么周全，准备得多么充分，在实际开展的过程中都不免会有意外出现，这个意外也许相对于整体来说，比重并不大，但事情的成败与否，往往就在此一举。这就像"酒与污水法则"告诉人们的一样——滴酒滴入污水中，污水还是污水，而一滴污水滴入酒中，则酒就变成了污水。当你所有的准备工作无法换来成果时，你一定会诅咒那个看起来很小却毁了全部的意外，而这个小小的意外其实只需要你在做准备时多做1%。即可以避免。只有真正理解了这一点，才能在成功的路上少走弯路。有这样一个故事说明了这一点。

在一个漆黑的晚上，鼠王带领着小老鼠出外觅食，在一家人的房内，橱柜里有许多剩余的饭菜，看来这家主人晚上刚刚开完盛大的晚宴。这些饭菜对于老鼠来说，就好像人类发现了最大的宝藏。

正当一大群老鼠在橱柜中大吃大喝之际，突然传来了一阵令它们肝胆俱裂的声音，那是一头大花猫的叫声。老鼠们震惊之余，便各自四处逃命，但大花猫却穷追不舍，终于有两只小老鼠躲不及，被大花猫捉，大花猫正要将它们吞噬之际，突然传来一连串凶恶的狗吠声，令大花猫手足无措，慌忙逃命。

大花猫走后，鼠王慢慢从垃极桶后面走出来，原来是鼠王学的狗叫声吓走了大花猫。看着早已吓得瑟瑟发抖的小老鼠，鼠王说："我早就对你们说，多学一种语言有用处。你们总是嫌太苦，现在你们明白了吧，多学些东西，多做些准备的最大受益者其实是你们自己。"

这个故事很有意思，鼠王让老鼠们多学些技艺，其中肯定有他自己的打算：如果老鼠王国中的每只小老鼠都能学一项本领，老鼠王国肯定会兴盛无比。但从另一角度来想，学习与准备的最大受益者的确是每一个有学习准备的人。假设鼠王没有及时赶到，恐怕那两只可怜的小老鼠早已葬身猫腹了。可见，富有远见是多么的重要。

人的一生也是一个不断探险的过程，世上没有一劳永逸的安乐生活。这或许是当今每一个人都非常关注也都感到非常困惑的问题。应对风险最基本的方法就是要有先见之明，未雨绸缪，多做物资准备，精神储存，相应的风险就会减少一些。这就要求人们无论对待任何事情，都必须具有"万一……怎么办"的意识。做到凡事都预先准备，从而减少风险发生的概率。与之相对应的是，你所做的准备越少，承受的危险就会越大。这个道理在自然界早已得到了很好的印证。

在辽阔的大草原上，一匹狼吃饱了，舒服安逸地躺在草地上睡觉，另一匹狼气喘吁吁地从它身边经过，着急地说："你怎么还睡觉呀！难道你没有听说，豹子即将要到我们这里来了吗？还不赶快去找新的安居场地。"

"豹子可是我们的朋友，有什么可怕的，再说这里有这么多的羚羊，豹子根本吃不完，别徒劳了。"翻着身懒洋洋地说。那匹狼看自己的劝说没有效果，只好摇头而去了。

后来，豹子真的来了，仅仅来了一只，可由于豹子的到来，整个草原上羚羊的奔地速度变得非常快了，这匹狼再也不能够像以前那样轻而易举地获得食物了。当它再想到别处去时，却发现食物充足的地方早已经被其他动物捷足先登了。

这个故事告诉人们，危险无处不在。一个人有先见之明，才可以根据表象做出对本质的准确判断，避开即将面临的危险。富有远见，减少失误才是真正的生存之道。否则，当你醒悟过来的时候，危险早已经降临到你的头上了。

也许有人会说，有些事情是个人的力量所无法控制的，对于这些事情，做再多的付出也没有用。令人宽慰的是，虽然你无法控制危险的发生，但可以凭借见识和策略来减少甚至避免危险所造成的损失。就像遭遇到自然灾害一样，虽然你无力改变，但有没有预先准备的后果却截然不同。

第五章　转换思维方式

我们的一生总会遇到各种各样的问题，但是在遇到问题的时候，我们不能死脑筋，我们要学会适时去转换思维方式，这样才能更好地解决实际问题。

1. 人生处世如行路：学会让思维转弯

人生处世如行路，常有山水阻身前。行不通时，有些人就开山架桥，最后蛮力耗尽，也逃不出出师未捷身先死的结局。而有些人只是转了个弯，轻松绕过障碍，就成功到达了终点。世事洞明皆学问，我们很多时候需要转弯的思维。

一位国王有洁癖，他最害怕自己的鞋底会沾上泥土，于是命令大臣，把整个国家的道路都用布覆盖上。大臣开始组织人力丈量全国的道路，之后他做了计算，全国所有的路覆盖上布，需要20万工匠不停地工作50年，而全国的人口也不过50万。大臣心急如焚，向国王痛陈利弊，说弄不好会亡国。国王一怒，将大臣处死。国王又派另一个大臣来办此事，结果这个大臣很容易就解决了此事——用布给国王做了一副鞋套。想一想，后一个大臣只不过是把自己的思维从路转到国王的脚上，天大的难题迎刃而解了。

我小时候住在内蒙古的一个农村，那时候狼比较多，就是白天里，狼也在村边出没。家禽家畜被狼叼走的事件屡屡发生。人们谈狼色变。一个夏天的上午，一个男孩在村边割草时被两只狼围困住了。两狼一前一后，虎视眈眈。男孩很害怕，他想求救，但他知道，此时求救是徒劳的，因为村里的青壮男女都下到田里干活去了，只剩下一些老人和孩子。如果喊狼来了，喊破喉咙他们也不敢出来。孩子危急中开始大声喊道："耍猴了、耍猴了"。那时候农村没有什么娱乐活动，耍猴是非常盛行的，颇受村民们喜爱。

结果，听到喊耍猴，村子里的老人和孩子都向村子边跑过来。两只狼一看这阵势，马上夹着尾巴落荒而逃。那个男孩是我哥哥，他现在和我提到这件事时还心有余悸：如果当时喊狼来了，他肯定就成了狼的午餐。但聪明的他让思维拐了个弯，就成功化解了自己面临的危机。

我在做语文教师时，曾给学生们留了一篇夸妈妈的作文。作文交上来，我发现几乎全班的同学都饱蘸笔墨写妈妈如何勤劳善良，如何忘我工作，如何关心子女成长，例子举了很多，但我总感觉这些文章似曾相识，跳不出老套套。翻到最后，终于有一位同学让我眼前一亮，他的作文题目叫《爸爸下厨房》，他用爸爸走进厨房、手忙脚乱的一些闹剧衬托出妈妈平日里举重若轻、任劳任怨的精神和勤劳俭朴的品质。只是思维转了个角度，这个同学就把文章写得别具一格了。

让思维转弯，是一种大智慧，有了这种智慧，四两可以拨动千斤，付出最少的代价能收获到最大的成功。

2. 举一反三　触类旁通

发散思维是由美国心理学家 I. P·吉尔福特在 1950 年以《创造

力》为题的演讲中首先提出的。这种思维活动，是人们在思维过程中不受任何框框的限制，充分发挥探索性和想象力，从标新立异出发，突破已知领城，无一定方向和范围，从一点向四面八方想开去。然后，再把材料、知识、观念重新组合，以便从已知的领城，去探索未知的境界，从而找出更多更新的可能答案，设想或解决办法，其明显的体现就是举一反三，触类旁通。这一直是人类进行创造性思维的重要途径和方式。50 多年来，引起了人们的普遍重视。有大量证据表明，儿童发散思维能力远比成年人来得强。

有人做过一个实脸，在木板上用粉笔画了一个白点。问一对成年人，他们在木板上看到了什么，成年人异口同声地回答看到了"一个白点，除此之外，好像什么也没有看到。实验者将同样的问题问幼儿园里的小朋友，小朋友争相发言，答案却不同。有的说看到了一个白色的纽扣"，有的说看到了一颗白色的子弹，有的说看到了夜晚的白色月亮，有的说是"一颗白色的珍珠"，有的说……

为什么成年人和小朋友的回答会有如此大的差异呢？关键是成年人用的是单一思维方式，在成年人看来，是什么就是什么，实事求是，一个问题只能有一个答案。而幼儿园小朋友用的是一种人类本能的发现思维方式，在他们头脸里根本没有标准答案这个概念，因而他们会自然地把白点想象成各种类似的东西，答案自然就丰富多彩起来。

19 世纪 60 年代初，英国北部卡娜布莱充本地区住着一个名叫哈格里沃斯的人。他和妻子一个织布，一个纺纱，以此维持生计。

有一天，哈格里沃斯的妻于在纺纱时，一不小心把纺车给弄翻了，可是，纺车上的纺锤从水平变成垂直，立了起来。仍然骨碌碌地转动着。哈格里夫斯就想：原来纺锤立着也能够转动。想到这里，他十分高兴，马上就动手做了一个立式纺织的纺车，在一个框框上并排安了

8 个纺锤一下于使工作效率提高了 8 倍。后来，哈格里沃斯用女儿珍妮的名字为之命名，这就是珍妮纺纱机的由来。这样一个发明真是出乎人们的意料之外，竟然成了"震撼旧世纪基础'的杠杆，孕育了一场震撼整个世界的工业革命。

举一反三，触类旁通沿着可能存在的点尽量向外延伸，或许一些在常规思路出发看来很本办不成的事，其前景便很有可能柳暗花明，豁然开朗。

从上述案例中我们可以看出，发生思维有着巨大的潜在能量。它通过搜索所有的可能性，迸发出一个全新的创意。这个创意重在突破常规，它不怕奇思妙想，也不怕荒诞不经，给人们带来新的视野和动机，从而创造出妙不可言的效果。

3. 学会转化视角

视角转换具有发散思维的优势，可以防止思想顽固、保守。每一种思维方式和视角都是一副有色眼镜。戴着有色眼镜观查思维对象以一种色彩。通过有色眼镜的过滤和渲染处理，我们的认识可能会被歪曲。如果一种视角一旦固化起来，就会导致思维定式化。结果是对新事物视而不见，对新观念进行排斥和拒绝。如果人们能够进行视角转换。或者说多配几副不同颜色的眼镜，经常换着戴，换着看，就能够让自己的思路更加广阔，做事的方法也就越多，越有新意。下面这个故事说明了这一点。

一位名叫斯帕克特的玩具创意商感慨万分地说：所有儿童玩具设

计师都有一个通病，那就是他们早已成为成年人，失去了直接反应能力。他们眼光陈旧，视角单调。所以，他们设计的玩具并不受儿童的欢迎。"为了克服这一不利因素。他发现并起用了一个名叫玛蔺妞·罗塔斯的6岁小女孩。由于罗塔斯能以儿童独特的眼光准确地指出斯帕克特生产的各种玩具的缺点，艳被斯帕克特聘为该公司的顾问。结果，罗塔斯的祈视角为斯帕充特公司的玩具生产作出了巨大的贡献。而她也得到了丰厚的回报，成了年纪最小的富人。

的确，多视角地透视在发散思维中是必不可少的。而这其中，自然少不了相似视角转换。在遇到难题时，你能够转换视角，向左、向右、向上、向下，不断地飞翔，总有一个绝佳的方法在某个角落等待你去发现。你就可以打破一切瓶颈。

一个犹太人走进纽约的一家银行，一本正经地坐了下来。
"请问先生有什么事情吗？"贷款郑经理一边问一边看来人的穿着打扮：奢华的西装、高级皮鞋、名贵的手表。
"我想借些钱。"
"好啊，先生！请问你要借多少啊！"
"1美元。"
"只需要1美元？"
"不错，只借1美元。可以吗？"
"当然可以，只要有担保，再多点也行！"
"好吧，这些担保可以吗？"
犹太人说着，从昂贵的皮包里取出一张纸放在经理的写字台上。
"总共50万美元的股票，够了吧！"
"是的。"说着，犹太人接过了美元。

"年息为6%。只要您付出6%的利息，就可以把这些股票还给你。"

"谢谢。"

正当扰太人准备离开银行的时候，一直在旁边注视着的分行行长，觉得非常奇怪，他想：一个拥有50万美元股票的人，怎么会来银行借1美元？他慌慌张张地追上前去，想问个明白。于是对犹太人说："啊，这位先生……"

有什么事情吗？

"我实在弄不明白。你拥有50万股票，为什么只借1美元呢？要是你想借30万或40万美元的话，我们也会很乐意的……"

"请不必为我操心。只是我来这之前问过7几家银行，他们保险箱的租金都很昂贵。所以嘛，我就准备在银行寄存这些股票。租金实在太便宜了一年只需花6美分。

贵重物品的寄存按常理应放在金库的保险箱里，许多人都会这么做，而且会认为这是唯一的选择。但犹太人却没有死往那一方向钻。而是通过发散思维，找到了认证券等贵重物品进银行保险箱的省钱方法。

转换思路发散地思考问题，这就是犹太人在思维方式上的"精明"，只要通过视角转换来发散思路，那么许多难题也会轻松地解决。

4. 玩转二维向三维的跨度

自然界大到宇宙景象，小到粒子，任何个体都是物质、能量、信息的三维一体。立体思维，顾名思义就是对事物进行立体的思索和考虑，它是在三维立体空间中考虑问题 并进行发明创造的一种思维。如，人们现在利用楼顶建立的空中菜地、空中花园等，就是立体思维的具体运用。所以在广阔的生活领城里必须学会用立体思维来思考问题。才能打破常规，发现新意。

要实现二维向三维的跨度，就要克服平面思维即二维的单一性。由于我们总是将问题静止的摆在面前以求解决，忽视在动态中考虑问题，而且已形成思维定式。这也就是说，人类所学的知识往住是静止的，片面的。为能学有所用，就必须进行立体思维广度的发散训练。

爱因斯坦很喜欢在工作之余与他的儿于一起游戏，有一次他的儿子突然问他："爸爸，你是不是很聪明？爱因斯坦感至很奇怪，便反问儿子："你为什么问这个问题？"儿子说："我们老师说你是世界上最伟大的科学家，只有你发现了相对论，我想如果你不是比其他人更聪明的话。为什么别人没有发现相对论？爱因斯坦听后说：不是我比其他人更聪明，只是我与其他人看事物思考的角度不同。这就像一只甲虫在一个圆球上爬行，由于它所看到的世界都是扁平的，这样它永远不会知道自己是在一个有限的球体上爬行，它还以为是在一个无限的世界里。如果这时候飞来一只蜜蜂，它一眼就看出甲虫是在一个有限的球体上爬行。因为蜜蜂的视觉是立体的，这对它来说是轻而易举的事情，而你爸爸恰好就是那一只蜜蜂，所以发现了相对论。望着儿子似信非信的神情，爱因斯坦禁不住哈哈大笑。

爱因斯坦可谓非常形象地点明了三维的奥妙。就是要整体看问题，在动态中看问题。

有位老师给学生出了道看似很简单的测试题：在一块土地上种植四棵树，要求每两棵树之间的距离相近。学生们在树上画了一个又一个图形，有正方形、梯形、花形、平行四边形。大家感到百忍不得其解的是，什么四边形都不行。

这时，老师给大家点玻"天机：把其中一棵树种在山顶上！因为这样一来。只让其余三棵树与山顶上的那棵树成正四面体（等边锥体），就能够符合题目要求。

掌握这一创新思维的关健是，必须要突破平面思维的定式，才能找到解决问题的关键。运用立体思维进行发散，关健是要善于突破点、线、面的框框限制，多方向地发散思维空间，让思维的视野更加广阔。

如果把人们习惯的思维层面作为二维的话，那么，三维是站在更高思维层面上看二维上的问题，这样立体思维者的眼界、解决问题的途径自然要比平面思维者开阔得多。下面就让找们来看一个实例。

英国工程师查尔斯德莱帕接受了一项艰巨的任务——设计泰晤士河防洪水闸。创造了防洪水网设计创造之最，涨潮的海水常常会使泰晤士河逆流而上，形成海水侧灌之势。特别是当遇到大潮或恶劣天气时，潮水甚至会漫过防洪提冲入伦敦市内，严重危胁着城市的安全。为了消除海潮倒灌的隐患，需要在泰晤士河下游建造一座防洪阀。这座防洪阀的设计要术很高，既要保证平时能够顺利通航，又要保证海水浪翻时能够抵御海潮倒灌。

按照传统设计方法，阀门必须设计得特别高大才能抵抗海潮倒灌，但其缺点是造价高，而且施工困难。为解决这一难题，工程师德莱帕用曲线思维方式，大胆提出一种全新的设计思想，史方为田，即把阀门设计成扇形，其妙用是：平时这座扇形阀门平摘水底，河上的水位能够自由通航，不受影响；海水浪翻时，用操作装置转动扇形阀门。旋转一定的角度，让阀门立起来，阀门的高度倾时比原来的高许多，巧妙地挡住下游海水倒灌。

德莱帕这一新颖别致的扇形创新思维的成功设计，巧妙地解决了通航、防洪两不误的难题，起到了一举双全的功效，可谓是立体思维创作的典范。

5. 调整方向再去努力

每个人都有着不同的发展道路，面临着人生无数次的抉择。当机会席卷而来时，只有调整正确的方向，才能掌控自己的命运。选择是一个连续的过程，无所谓正确的选择，只有调整正确的方向。

在起初阶段，一个人的选择空间通常非常狭小，并不能完全自主地做出决定，但是总有一定的选择余地，如何把握有限的选择权，使其朝向一个正确的方向十分重要。

曾经有两个贫苦的樵夫靠着上山捡柴糊口，有一天在山里发现两大包棉花，两人喜出望外，棉花的价格高过柴薪数倍，将这两包棉花卖掉，足可让家人一个月衣食无忧。当下两人各自背了一包棉花，便欲赶路回家。走着走着，其中一名樵夫眼尖，看到山路有着一大捆布，走近细看，竟是上等的细麻布，足足有十多匹之多。他欣喜之余，和同伴商量，一同放下肩负的棉花，改背麻布回家。他的同伴却有不同的想法，认为自己背着棉花已走了一大段路，到了这里才丢下棉花，岂不枉费自己先前的辛苦，坚持不愿换麻布。先前发现麻布的樵夫屡劝同伴不听，只得自己竭尽所能地背起麻布，继续前行。又走了一段路后，背麻布的樵夫望见林中闪闪发光，待近前一看，地上竟然散落着数坛黄金，心想这下真的发财了，赶忙邀同伴放下肩头的麻布及棉花，改用挑柴的扁担架挑黄金，他的同伴仍是那套不愿丢下棉花以免枉费辛苦的想法，并且怀疑那些黄金不是真的，劝他不要白费力气，免得到头来一场空欢喜。发现黄金的樵夫只好自己挑了两坛黄金，和背棉花的伙伴赶路回家。走到山下时，忽然下了一场大雨，两人在空旷处被淋了个湿透。更不幸的是，背棉花的樵夫肩上的大包棉花，吸饱了雨水，重得无法再背得动，那樵夫不得已，只能丢下一路辛苦舍不得放弃的棉花，空着手和挑金的同伴回家去。

人们常有许多不同的选择方式。而不同的选择，当然导致截然不同的结果。许多成功的契机，起初未必能让每个人都看得到深藏的潜力，而起初抉择的正确与否，往往就决定了最后的成功与失败。明知这条路不通，还继续走，是一种愚蠢的做法。方向不正确，再多的努力也于事无补。

事实上，要让人们主动放弃一件事情或一样东西是非常困难的。但是要想更好地进步就必须这样：知道什么时候放弃并且勇于放弃——不懂得有效的抑，就不会有成功的扬！史泰龙写了剧本《洛奇》，他就怀着兴奋的心情向所有知名的经理人推荐，结果无人接纳。但他并没有因此而退缩，而是费尽千辛万苦四处推销。终于，有两个电影制片人愿意以3.6万美元买下剧本。当时史泰龙的妻子刚好怀了孕，这3.6万美元相对于他们来说就相当于300万元，能够解决他们当时所有的生存困难。按照常理和常人的做法，史泰龙肯定会答应片商。然而，史泰龙并没有这么做，他要亲自出演主角洛奇。所以，他坚决不要3.6万美元。制片人终于被他的恒心和信心打动了，片商愿意让他来出演。事实证明：他的选择没有错，《洛奇》一片使他一跃成为超级巨星。虽然，他困难时期毅然放弃了3.6万美元，但后来他却得到了每一次片酬都是2500万美元的高额。史泰龙选择了正确的方向，为他日后的事业打开了一条成功之道，所以选择正确的方向，才是发展的关键。

在人生的每一次关键时刻，慎重地运用你的智慧，运用你的逻辑思维分析能力，做最正确的判断，选择属于正确的方向。同时别忘了随时关注自己选择的角度与目标是否产生偏差，适时地加以调整、更正，千万不能像上例中背棉花的樵夫一般，只凭一套哲学，便欲渡过人生所有的阶段。

6. 均衡使用左右脑

科学研究证明人类的两个大脑半球都有不同的分工。左半球负责逻辑思维，从事分析、计算和语言学习。如果你喜欢看推理小说，你的右脑会得到充分的训练，当惊险的案件不断地被福尔摩斯探查出来，你也会时刻幻想着变成书中的大侦探，利用周密的推理思维判定被追踪者的每一个线索。右半球则负责形象思维，代表我们的想像力和创造力，负责形象、感觉、诗歌、梦想和创新。

比如，在欣赏贝多芬的《田园交响曲》时，脑海里隐约显出牧歌飘扬的草原风光，这就是右脑受到刺激后而创作出的形象。思维的理想状态是大脑的两个半球协调一致地工作，在这种状态中，大脑才能够最大地发挥它不可取代的强大威力。大脑在最佳自由思维状态下工作，实际上就是同时依靠左、右脑的思维，使逻辑思维和形象思维能自由、均衡、协调。

在众多历史伟人当中最善于左右脑思维的是达·芬奇（1452—1519 年），他是意大利文艺复兴时期的艺术大师，出生于佛罗伦萨附近的芬奇镇。他是著名的美术家，他的代表作是壁画《最后的晚餐》

和人物肖像画《蒙娜丽莎》。这两幅作品构图巧妙、光线明暗柔和、人物生动形象、心理活动被刻画得淋漓尽致，使当时的绘画水平达到一个新的阶段。除此之外，他还是科学家、技师、思想家，在多方面做出了惊人成绩。他涉足的领域用现在职业来说有：画家、雕刻家、评论家、建筑家、演员、音乐家、生物学家、基础医学研究家、数学家、天文学家，等等，可以说他是一个无所不知、无所不晓全才式的人物，这都得益于他左右脑的平衡发展和利用。平衡思维把握有度的奏，让生命平衡人的大脑思维活动不是一条直线、一个平面的活动，它有波动有起伏，有时是急风暴雨、有时是静如止水……因此，在动脑筋方面就有一个效率问题，提高思维效率同样是打好思维基础的重要内容，其诀窍就是"张弛结合、注意节律"。

进行交替运动也是锻炼左右脑的有效手段。第一是体力与脑力交替。经常从事体力劳动、体育运动能够使神经、心血管、呼吸、消化、内分泌系统得到锻炼，使全身新陈代谢旺盛，但还需同时进行脑力锻炼，正所谓人的大脑是越用越活。所以，从事体育运动和体力劳动的人，要经常学习，多进行益智类的活动，如下棋、写作、背诗词等。第二是动静交替。从事脑力劳动的人，大脑正处于紧张状态，正是神经细胞处于兴奋状态、进行旺盛代谢的过程。所以，每天必须有一定的时间休息，包括睡眠，还有一些积极休息的方法，如观赏美景、垂钓等，从事体力的不妨在空闲时读书看报，这样劳逸结合，左右交替，保持大脑功能的平衡。

第三是前后交替。如我们习惯于向前行走，在户外活动时，可以试着向后行走，做后退动作，可使肢体关节灵活，思维更加敏锐。从大脑中输出新的构思时，左脑的作用就像水流和水龙头一样，不论设施怎样完美，如果水源枯竭的话，不论怎么拧龙头也不会有水流出，而这种"送水"的工作是由右脑进行的。一般来说，右脑活跃的人，想像力非常丰富。总之，我们在使用大脑的过程中要达到一种均衡的状态，要使左右脑更为协调一致地工作，这样我们在处理问题时能运用自如。曾有一位企业家讲述了一段有趣的见解，如果一个企业根据客户的需要生产产品，是属于左脑的工作，绝不可能产生出新的东西。所谓崭新的构想，是指社会可能现在还不需要，但将来一定会朝这个方面发展的一种预想。

如果设想制造一种社会上没有使用过的东西，完全依靠右脑思维，而把这个思考的形象具体做成实物时又属于左脑思维的工作范畴，这样就做到了左右脑的协调运用。只有不偏重右脑或左脑，均衡地使用我们的右脑和左脑，使两个部分适当地协调好，才能发挥整个大脑的活力和机能。使大脑充分地运转起来，处于一种积极的思维状态，大脑才能工作得有生气。

7. 求新求变　重燃激情和斗志

给你做个小练习：

如果我说：4 是 8 的一半的说法对。你觉得对吗？你可能会毫不犹豫地回答，那么，如果我说："0 是 8 的一半，对吗？经过一段时间的思考，你会意识到数字 8 是由两个 0 上下相连而成的。从空间上看来，它是能够成立的，所以你仍会点头。

如果我再问你：3 是 8 的一半，时吗？你受上面空间类推的影响，则马上会看到将 8 竖看分为两半，就是两个 3，同样能够成立。

这就是大脑所具备的神奇力量，它潜藏着巨大的能量和不可思议的伟大创造力。

关于创造力，人们以往的理解十分偏狭，因为创造力不是某些天才人物和专业人员的特权与专利而是人人都具有的一种潜在能力。是的，唯有创造力才会给人生增光添色。

一个人无论在何种年龄。无论从事何种工作，或许都有这样的经历：在自己表现最佳的时候，感觉最为幸福。因为付出的心血越多，自我的评价也就越高；专注的程度越高，对自我也越有信心。全心全意地投入，不断地求新求变，这样才能给人带来最大的满足。

有一位叫沃尔特·迪斯尼的年轻画家，除了理想，他一无所有。为了理想，他毅然远行。起初他到堪萨斯城的一家报社应聘，因为那么良好的工作正是他所要的。但是，主编看了他的作品后，认为没有创造力，缺乏新意，所以不予录用。他初尝了失败的滋味。后来，他替教堂作事。由于报酬低。无力租画室只好借用一家车库。一天，疲倦的画家在昏黄的灯光下看见一对亮晶晶的小眼睛，是一只老鼠。他微笑着注视着它，而它却像影子一样溜了。后来小老鼠又一次次出现，他从来没有伤害过它，甚至连叮咬都没有。它在地板上做多种运动，表演杂技，而他就奖它一点面包吃。渐渐地他们互相信任，彼此建立了友谊。

不久，年轻的画家被介绍到好莱坞去创作一部以动物为主的卡通片。这是上好的难得机会，但他再次失败了。在黑夜里，他苦苦思索自己的出路，甚至开始怀疑自己的创意天赋。

就在他困苦不堪的时候，他突然想起车库里的那只小老鼠。创造力的灵感在暗夜里闪出一道光芒，他迅速画出了一只老鼠的轮廓有史以来最伟大的卡通形象米老鼠就这样诞生了。沃尔特·迪斯尼也因此成名。

迪斯尼最终成功了，靠创新给人生带来了激情和快乐！

可是，不少人也会有这样的体验：虽然每天按时上班，每天按计划完成该做的事。但总会觉得生活呆板，缺乏激情与活力。似乎，该做的事都已经做了，在生活中，再也找不到新的追求了。曾经就有这样一个非常出色的成功人士，最后竟爬上楼层的最高处，从上面跳了下去。问题出现在哪里？从表面上来看，是因为遵循着单调乏味的生活方式，没有新鲜的感受，没有新的创意生成。从而产生了厌倦和疲劳，使身心感到耗竭。往更探的层次看，也许是目标定得不够高，一下子达到之后，再也看不到更高的奋斗目标了；也许有着不切实际的预期。这样，无论学业、事业多么成功，都达不了预期的需要"或者认识不到"自己的工作和成就的价位。要不就是把自己的目标定得太窄，于是，使生活变得刻板，没有生成结果，在事业过去之后，现实生活也就没有意义了。

在生活的倦怠感面前。人们或许会有这样一些选择：变得被动，变得没有反应，不关痛痒；龟缩到一个幻想世界当中去，甚至，得对生命毫不珍惜。这是一种病态心理，就是一种缺乏创意的表现，一种对世界厌倦的情绪。

埋怨环境，埋怨他人，以为一切都是自己以外的因素造成的。这不仅会增添自身的烦恼，也更无力摆脱这种倦怠的生活。这是一种反面的选择。

寻找生活的意义，重新为自己定方向，努力去寻求新的改变。同时，尽力去打破固有的生活方式，在从消极走向积极的过程中，找回激情和斗志，这是一种寻求复苏的选择。最佳的选择是显而易见的。在人生过程中，积极求新求变，让生命在丰富多彩的变化中更富色彩和意义。

8. 倒过来思考

著名学者何名甲指出：当事物的发展趋势发生了方向颠倒的重大改变时，人们对它的认识和态度也自然需要随之做相应的调整。因此，如果将问题的某一发展过程倒过来思考，便有可能引发和促成头脑中产生与问题的新发展趋势相适应的新念头。

我国创新思维研究者王健在其《超越性思维》一书中有过这样的一段描述："1927 年，德国乌发电影公司摄制世界上第一部太空科幻故事片《月球少女》。在拍摄"火箭"发射的镜头时，为了加强影片的戏剧效果，导演弗里兹·朗格想出一个点子，将顺计时 1，2，3 发射，改为 3，2，1 发射，这一顺倒的发射程序竟引起了火箭专家的极大兴趣。经研究，专家们一致认为这种倒数计时发射程序十分科学。它简单明了、清楚准确，突出地表示了火箭发射的准备时间逐渐减少，使人们思想高度集中。从此以后，火箭或导弹发射都采用了倒效计时的程序。朗格用逆向思维的方法，无意间创造了一种新的表达方式。

在一次欧洲篮球锦标赛上，保加利亚队与捷克斯洛伐克队相遇，当比赛仅剩下 8 秒钟时，保加利亚队以 2 分优势领先，且发球权在自己手中，看来是稳操胜券了。然而，那次锦标赛采用的是摘环，保加利亚队必胜球超过 5 分才能获胜。可要在 8 秒钟内，简直不可能。

这时，保加利亚队的教练突然请求暂停，许多人对此只是付之一笑，认为保加利亚队大势已去，势必会被淘汰出局。教练即使有回天之功，也很难有回天之力。暂停过后，比赛继续。这时，球场上出现了众人意想不到的一幕，只见保加利亚队边线发球，接球队员接到球后，迅速朝自己的赛场跑去，并轻而易举地将球扣进自己的蓝位。此时，裁判宣布全场比赛时间到。观众面对保加利亚队的一片哗然，直到裁判宣布双方打成平局需要加时赛时，观众才恍然大悟。保加利亚队这出人意料之举，为自己创造了一次起死回生的机会。加时赛的结果同样令人出乎意料，保加利亚队居然盛出6分，如愿以偿地出线了。

在这急迫时刻保队教练沉着应战、利用逆向思维将取胜的过程进行巧妙颠倒，取得了出奇制胜的效果。在现实生活中，这种"过程顺倒"的逆向思路有很多创新的事例。在一些大百货公司里普遍使用的电动扶梯，就是采取"走路"颠倒成为"路走"，让"路动"而"人不动"的逆向思维创新的成果。也只有打破这些禁锢思维的模式才能在新的领域中取得更大的成功，在激烈的竞争中立于不败之地。

日本兵库县有一个村子叫丹波村，当日本全国普遍都已富裕起来的时候，这里仍然很穷，因为这里土地贫饥，生产落后，交通闭塞。村子里的人虽然都想奔小康，可谁也想不出可以致富的办法。后来他们从东京请来了一位专家。这位专家按照"要出售得多，才可能换回得多"的常规模式思考。左思右想也想不出一个切实有效的致富良方来。后来他倒过来想：这个村子既然什么出产都没有，只有贫穷落后。

于是他向村民们提出：你们要想富起来，那设法出售它的又没有什么产品和资源就只有出售你们的贫穷落后。从现在起，你们都住到树上去，要披树叶、兽皮。你们要像几千年前我们的老祖宗那样生活，这样城里的人就会来参观、旅游，你们就可以富裕起来了。村民们最初听了都觉得简直不可思议。这位专家再三解释和说服，大家最后只好同意试一试。经过记者们的报道宣传，很快便引来一大批好奇的旅游者。这个村子便很快富起来了。

倒过来思考即逆向思维与正向思维相反，从下往上、从右至左，

也就是人们常说的 "反其道而行之"。如果人们善用逆向思维来指导自己的行动，则常常能够取得成功。

9. 缜密的思维引导成功

1944 年初，德军在东线的苏德战场上遭到惨败以后，他们通过各种情报得知，英美盟军正在加紧实施一项西线打击计划，德国人的情报不错，此时，英美等国的盟军已经集中起 45 个师，一万多架飞机，各型战船几千艘，即将开始实施酝酿已久的诺曼底登陆作战计划，代号为 "霸王计划"，如果这项计划成功，德国将彻底走向失败的命运。

这时，德国人从战场建设和兵力署哥上已做好拼死抵抗和一举歼灭美英登陆部队的准备，如果美英部队贸然登陆，战争的胜负就很难预料。就在这时，英军破译了一份德国人的战地天气预报，电报中说：从目前天气形势的预测图和气相、潮汐分析，恶劣的天气形势还将在英吉利海峡持续下去。

这样的预报对美英盟军当然不是一个好消息，因为此刻他们已经是刀出鞘、箭上弦的时候了。而这种天气状况对船舰出航十分不利，因为风急浪大甚至无法接近海岸。负责登陆作战的总指挥、盟军统帅艾森豪威尔将军面对天气形势分析预测图一愁莫展。他知道，这次作战是与德军的一次拼死较量，德国人会拿出全部力量进行抵抗。如果盟军在恶劣的天气下冒然出征，不要说德国人的炮火，就是那巨浪翻腾、汹涌波涛的大海就完全可能让无数的舰船、装备和数以万计的盟军将士葬身海底。这对一个最高统帅来讲是绝对不允许发生的事情，因此，他不得不下达了推迟进攻的命令。

　　后来，盟军又得到了一份德国人关于近日英吉利海峡的天气形势分析预测图，艾森豪威尔将军把德国人的预测图与盟军的预测图放在一起认真地分析比较。他突然发现，德军的预测图中冷峰低压的预示曲线要比盟军的高了许多，这说明他们预测的天气形势要比盟军的恶劣。这一细微的发现促使他立即召集气象专家前来，做进一步的认真分析研究。根据专家们分析：德国人的预报是不高明的，甚至可以说有明显的错误，他们过高地预报了天气恶劣的状况。按他们的预报，英吉利海峡在十天内不会有好天气。但事实上，目前已有一新形成的冷峰正在向海峡移动，在这个冷峰接近之前，极有可能会出现一段好天气，这个时间应该是在6月6日。

　　这一次气象分析预测会议使盟军愁眉苦脸的气氛一扫而光。很明显，综合德军的气象预报，这将是一个决定诺曼底登陆命运的抉择。

　　当晚，盟军的气象联合小组又作了一次认真、详细的天气预报，结果表明：6月6日上午晴，下午多云，晚间转阴，风力3—4级。这种天气虽然风力较大，不很理想，但基本符合登陆的条件，对于迫在眉捷的"霸王计划"来讲已经是个万分难得的机遇了。

　　犹豫不决是兵家大忌。面对这份准确的天气预报和德国人对天气形势的错误估计，没有任何理由放弃这绝好的机会。盟军统帅艾森豪威尔将军当即命令：6月6日为诺曼底登陆的总攻日！回过头来说德军，原来，德军的气象预报专家组在绘制预报图时，测图师的女朋友恰好从柏林打来电话，要他抽时间回去一趟，她要在6月5日这天过生日。测图师在心不在焉中误将低压草图表提升了一个格，这点微小的变化是极难被发觉的，但在整个预报图的汇总中，天气恶劣的形势加重了。当时的德军西线部队司令官看了这份预报图后认为：盟军根本不可能在最近几天组织登陆战役，否则，英吉利海峡就是他们的墓地！正因为如此，他才在6月5日清晨返回德国本土与妻子团聚去，临行前他甚至交待部下：部队处于长期戒备状态，目前天气恶劣，可以考虑重新修整一下，然后就登上飞机走了。

正是因为这一线之差，让德国放松了戒备，给盟军提供了有利时机。那些本来能够提前发现盟军进攻的空中和海上警戒被取消了，当盟军的扫雷舰已经驶到了肉眼可见的距离时，德军竟没有一个人发现。战果是我们共知的，诺曼底登陆获得了巨大的成功，也彻底宣告了德国纳粹的失败命运。

通过上面的故事我们可以领悟出，缜密、细致的思考，是正确分析、认识事物的必要前提。对于某些按常规的思维看来是根本无法办到的事，若换一种方式，换一种角度，就完全可能另辟蹊径，通过另一条路达到预期的目的。

也许有人会说："事实有时并非如此，我在工作、学习中遇到过许多挫折和困难。每当在这些时候，我想过很多的办法，也读过很多有关改变思维的书籍，但仍然是解决不了实际的问题。"也许有人还会说："你说的这一套根本没用，我的学习、工作正陷入低潮，我试过积极思考的办法，但对我来讲毫无起色，无论是怎样的思考无法改变事实。"

如果你坚持这种观点，我想你是对积极思考的力量认识不足，也没有真正了解积极思考的本质，更没有把思考得来的结果与现实紧密地结合起来，就像驼鸟一样，遇到困难只是将头埋在沙里，而不是睁大眼睛去寻找路标，寻找新的生存希望。其实，一个拥有积极思维的人并不否认消极因素的存在，他们只是更争于从自我的弱势中走出来，在工作、学习、生活中一时一事，使自己的积极思维不断充实、成熟，并利用好每一个机遇把思考变成现实。

10. 站在别人的角度思考问题

换位思考就是设身处地将自己摆放在对方位置，用对方的视角去看待世界。这是一种非常有益又十分实用的好思维。换位思维人人都可以做到，它不是一种复杂的技巧，而是一种人生态度。只要你去做，你就可以做到。

汽车大王福特说过一句话：假如有什么成功秘诀的话，就是站在别人的角度想问题，了解别人的态度和观点。成千上万的推销员，他们总是只想到自己的期望，而没有想到别人需要的是什么，否则，我们不叫他们买他们也会主动去买的。这个方法在家庭教育中也照样适用。

有个小孩子不肯吃饭，长得很瘦弱。孩子的父母总是说："为妈妈吃一点呀！为爸爸吃下这个，赶快长成大人。这孩子出于递反心理，反而吃得更少了。最后，这个父亲终于明白了，他对自己说："这孩子要什么？我怎么把他所要的和我所要的结合起来？"他的孩子有一辆小童车，他很爱在门前骑车。离他家不远处住着一户人家的孩子经常调皮，经常把那小孩子从车上拉下来，自己骑他的车玩。自然，这孩子就到母亲那里诉苦了，也必然要到对面去，把邻居的孩子从车上拉下来，再把自己的孩子抱上去。这种事几乎每天都要发生。

这个小孩这时所要的是什么呢？这个答案就不必去百科全书中找了。他渴望马上长大，有力气，谁也不来欺负他，那个调皮的孩子如果再把他拉下车来，他能把他的鼻子揍出血来。这时。他父亲告诉他：如果他能吃他妈妈要他吃的东西。有一天，他就能长得很有力气。从此以后，再也不用担心孩子不吃了。因为他想长得有力气，好来对付那个欺他太甚的小子。

每个人都有自己想问题的观点和角度，有自己特定的意愿，这能导致他们自觉的行为。站在别人的角度想问题，了解对方的想法，你就可以比较容易获得他的好感。

亚伦有一种杰出的本领，他几乎总能正确地判断孩子们想要什么礼物。朋友们甘经为此事特地向他讨教，他说：一其实如果你真的想让孩子们感到高兴的话，那么这就不是一件很难办到的事。你只要设想一下，如果你是他们的话，你最想得到什么礼物呢？只要你真的这样想过，你就会很快找到正确的答案。

艾琳小姐似乎天生具备当教师的才能，所有的课全上。总能采用最有趣的方式让学生们学到新的知识。她说："我也没有什么秘密，学生们喜欢听我讲课，是因为他们对我的讲课方式感到喜欢。为了选择有效的讲课方式，我总是这责问自己："如果我是学生，我最希望艾琳小姐采用什么有趣的方法讲授课本上这些知识呢？"我对这个问题的思考所花费的精力，比我用来熟悉教材所花的精力还要多。

请注意亚伦先生和艾琳小姐都用了一个相同的词"如果"，这是他们两人的过人之处。他们的方法其实很简单，站在对方的角度右问题。倘若我们不知道如何使别人感到高兴的话，我们不妨设问一下："如果我是他，我希望别人怎样做，我才会感到高兴？倘若我们不知道怎样使别人喜欢自己的话，我们不妨设问一下：如果我是他们，我希望他们怎样做，我才会使他们产生好感呢？在社交场合，凡事多问几次，如果我是他，那么……你就不难了解对方的想法，你就可以比较容易得到他人的看重和好感。

卡耐基，美国著名的成人教育家。一直提倡人们站在别人的角度想问题，这种做法既可以证明当事人自己的观点，又可以调动人们的情感，使大家从中吸取经验，获得教益，正所谓：知己知彼，百战不殆。这句话其实是换位思维的典型例证。

第六章　插上想象的翅膀（上）

　　人类的生活需要想象力的存在，它会让我们的生活充满乐趣，也会让我们更接近社会发展的步伐，所以我们要充分发挥自己的想象思维。

1. 插上想象的翅膀

　　想象，总是给人以前进的动力和方向。一位母亲含辛茹苦几十年如一日终于抚育了一位成功的儿子，是什么支撑着她？是想象——每当她无助绝望时，就想象着儿子成功时的样子。一位历经酷暑严寒终年操劳于田间的农夫，是什么支撑着他？是想象——每当他播种时就想象着收获时的景象：一望无际的醉人的金黄。

　　想象是人类的好伙伴，它使人们的思想插上翅膀，奔向那更加美好的未来。其实，无论是科学发明、艺术创作还是新品研发，新事物的诞生都离不开想象，想象是思维能力的重要组成部分。若要提高自己的思维能力，凡事运筹帷握，必须要任由心灵和大脑海阔天空般地邀游驰骋，不受拘束，尽情发挥。

　　100年前，一位穷苦的牧羊人独自养两个年幼的儿子，以替别人放羊来维持生活。一天，他们赶着羊来到一个山坡。这时，一群大雁鸣叫着从他们头顶飞过，并很快消失在远处。

牧羊人的小儿子问他的父亲："大雁要往哪里飞？"

"它们要去一个温暖的地方，在那里安家，度过寒冷的冬天。"牧羊人说。

他的大儿子眨着眼睛美慕地说："要是我们也能像大雁一样飞起来就好了，那我要飞得比大雁还要高，去天堂，看妈妈是不是在那里。"

小儿子也对父亲说："做个会飞的大雁多好啊！那样就不用放羊了。可以飞到自己想去的地方。"

牧羊人沉默了一下，然后对儿子们说："只要你们想，你们也能飞起来。"两个儿子试了试，并没有飞起来。他们用怀疑的眼神望着父亲。

牧羊人说，让我飞给你们看。于是他飞了两下，也没飞起来。牧羊人肯定地说，我是因为年纪大了才飞不起来，你们还小，只要不断努力，就一定能飞起来，去想去的地方。儿子们牢牢记住了父亲的话，并一直不断地努力。等他们长大以后果然飞起来了，他们发明了飞机。他们就是美国的莱特兄弟。

人类是带着翅膀飞到尘世的。这个翅膀就是人类的想象力。而人类在进化的过程中太注重现实，在扑向物质世界，现实世界的过程中，觉得翅膀是一种阻碍，所以就把翅膀给折断了。我们总是羡慕天使可以飞，其实人类完全是可以的。

一次，爱因斯坦躺在一个小山头上，眯起眼睛向上瞧的时候，千万道细细的阳光穿过他的睫毛封进了他的眼睛。

爱因斯坦好奇地想，如果能乘一条光线去旅行，那将是什么样子呢？

他想象着自己在作一次宇宙旅行，任由想象力把他带进一个神奇的场所——这个场所甚至无法用物理学的观点来解释。

在家里，爱因斯坦对舅舅说："我努力想象自己在追赶一束光线，如果能追上，我想看看这种波是什么样子的。"

在这个想象的指引下，爱因斯坦发现了接近光速运动的物体，在空间上变小和在时间上变慢的效应，并提出了一种新的理论以解释他的想象——这就是震惊世界的广义相对论。

凭借着惊人的想象力，爱因斯坦获取了对于相对论的最初的预感和灵感，在科学界建立了一个重要的里程碑。

2. 想象力有爆发的潜能

想象是成功的前提，想象在不可能与可能之间酝酿了一种梦境。

梦的一端是我们可触及的物质世界，在梦的另一端，是一座丰富的潜意识王国。同时也是一处创意自由飞翔的星空。当我们在睡梦中，内在感官依旧积极地运作，所以我们仍然能看见影像，听见声音。进入梦境，犹如离开地球，闯进广无边际的宇宙一样。由于现实的拘束都呈现失重状态，所以创意和想象力也可以任意飘浮。毫无疑问，想象力可以引爆人内在的潜意识，使人获得灵感和妙计。

著名心理分析学家弗洛伊德对此作了研究分析。他在 1900 年发表的轰动欧洲心理学界的《梦的释义》中指出："由于人做梦时摆脱了思想范畴的障碍，它就更为柔顺、灵活、善于变化，它对于柔情的细微差别和热烈的感情有极为敏锐的感应。而且迅速把我们内心的生活制造为外界的形象。"正是这个形象为我们解开了在白天无论如何思考也解不开的难题。

德国兼生理学家劳温这样描述他自发梦境启示："一天晚上，我在阅读有关书籍，看着看着睡着了。在半夜里被梦中的景象所惊醒，于是便匆忙地记下了梦中出现的一个非常宝贵的想法。第二天早上起来，我无论如何也解释不了在匆忙之间所记下的东西，夜里的梦境也一点也回忆不起来。第二天我用同样的方法入睡。结果又出现了同前一天一样的顿悟情境。这次我吸取了教训，非常细心地在笔记本上做了注释。后来，通过实验所获得的数据，证实了发现的结果。我在梦中所得到的新启示是——如果用两只青蛙一起来做实验，便可以解决神经传导的化学物质问题。"他的这一发现使他获得了诺贝尔生物学奖。

梦境是一个自由自在、不受，约束符合逻辑的虚幻世界。在这个世界里，大脑能够毫无羁绊地自由驰骋。因此许多科学家和艺术家都运用梦境思维来完成其伟大的创造和发明，或解决了许多疑难问题。

明代著名人物冯梦龙在《钿谁》一书中，讲了一则《梦中得妙计》的故事。

明成祖在钟山为明太祖雕刻功德碑，由于雕成的龟形碑座太高，没有办法把碑放上去。一天，明成祖做梦，梦中有一位神人告诉他："要想把碑竖在碑座上，就应该使这个龟不能见人，人也不能见龟。"醒来后，他反复思考梦中那位神人对他说的话，想着想着，办法就想出来了。他派人在龟身的周围堆土。当土堆到龟背一样高时，就用车子把功德碑拉到龟的背上。碑在龟背上竖好以后，再将周围的土除去。

没费多少力气，这件事就完成了。

莫扎特有音乐神童之称，他能在脑海中浮现整首音乐曲。他只要动手写第一个音符，就能一口气将整首音乐曲写完。他知名的歌剧《魔笛》，便是在一场演出前随手写完的作品。

这位音乐神童曾自述："我不是在写音乐，我只是把梦中出现的作品。如实地写出来而已！""在我的梦中世界里，所听到的音乐并不是支离破碎的断章，而是我可以全部听完的完美乐章，这种感觉就像在天堂一样，不是任何言语所能形容的。"

2002年7月，全球身价最高的魔术师大卫·科波菲尔从美国飞抵深圳表演魔术。记者问他："大卫，很多观众都想知道你成功的秘诀，甚至认为你天生就有超凡的能力。是不是这样呢？"大卫笑着摇头说："我可不是超人！我创作的灵感往往来自于做梦，在梦中我常感到自己穿梭于不同时空，从一个地方消失，又在另一个地方出现。比如我表演魔术《时空之旅》就是这样一个节目。"

常常做梦的人，绝对是值得祝福的，因为创意常会在半醒与半睡之间随时出现。

3. 在梦境中解悟的窍门

在思维科学上，心理学家把通过梦境启发（即由1%的梦所作的创造性启示），进而思考解决人们在白天百思不得其解的难题的思考方式称为梦境思维。既然如此，我们如何来开发我们的想象力，使自己自发的梦境给你以智慧和创意呢？这里还是有一些窍门可言的。

首先我们在脑海中要形成一个思维中心。我们应该清楚地知道：

自发梦境的启示给人惊奇的发现，是与平时的知识积累和不断的实践是紧密相连的。当我们对某一个问题的注意力和思维力非常凝聚时，就会自然形成一个思维中心，这个思维中心，如强大的磁场，对相关信息会产生巨大的"引力"作用。使意识——显意识和潜意识，尤其是潜意识在一定时期内，围绕"思维中心"运转，往往会梦得妙笔，或产生智慧之果。

其次要挑一个合适的夜晚，不宜饮酒、服药，以最放松和平静的心情，准备好入睡的状态。其次在入睡前，做些轻松的体操，听柔和的音乐，写写日记，释放自己的心情。在阖上眼睛后，以最集中而虔诚的精神，向自己的信仰祈求创意解答的梦境出现，这些信仰包括了神明、宗教领袖、自身的灵魂等。在祈求的过程中，用简单的句子在心中默念。像是"请告诉我如何写出作品"、"请指点我下一步如何走"，以最坚定的力量，将这些句子快递到潜意识里。等到进入梦乡后。就可以在其中寻找想要的答案了。

然后可以在梦境的构思中发散思路。英国诗人柯勒律治有一次醒来后，一首长诗一挥而就，这首长诗是他在睡梦中酝酿好的。这首诗其实是一种方法，这种方法可以让你的梦境构思更有意义。

（1）加一加。在这件东西上添加些什么，看看会有什么结果？

（2）减一减。在这件东西上减去些什么，看盾会怎么样呢？

（3）扩一扩。使这件东西放大、扩展，看看结果会如何呢？

（4）缩一缩。使这件东西压缩、缩小，看看会怎么样呢？

（5）变一变。改变一下形状、颜色、音响、味道、气味，看看会怎么样？改变一下次序，看看会怎么样？

（6）改一改。这件东西还存在什么缺点？想一想有改掉这些缺点的办法吗？

（7）联一联。把某些东西或事情联系起来，想一想能帮助我们达到什么目的？

（8）学一学。想一想周围有什么人或事物可以让自己模仿、学习的？

（9）想一想。有什么东西能代替另一样东西的？

（10）搬一搬。把这件东西搬到别的地方，看看还能有别的用处吗？

（11）反一反。如果把一件东西、一个事物的正反、上下、左右、前后，横竖、里外，颠倒一下，看看会有什么结果？

（12）定一定。为了解决某一个问题或改进某一件东西。为提高学习、工作的效率和防止可能发生的事故或疏漏，想一想需要规定些什么吗？

4. 用追逐点燃梦想

大哲学家尼采说："人宁可追求皮毛，也不能无所追求。"哲人的话常一语破地，令人回味不已。

由哲人的话引发，我们还是看一个古老的故事——一个有关两个盲人的故事。一老一少两个盲人相依相伴，卖艺维生。老盲人病入膏之时，自知将不久于人世，"望"着身边如风中嫩柳般瘦弱的小盲人，回首几十年的风雨人生，不禁百感交集。过了许久，老盲人用微弱的声音缓缓说道："孩子，我这儿有一个秘方，它可使你重见光明，但你要切记，只有在你弹断第一千根琴弦的时候才可打开琴盒，取出秘方。"小盲人含泪称："是"老盲人含泪而去。

寒来暑往。小盲人牢记着师父的嘱咐，不停地弹啊弹啊，时光在琴弦上悄然流走了，昔日的小盲人已成了双鬓如雪、胡须似派的老盲人。终于有一天，"小"盲人手中的第一千根琴弦弹断了！

"小"盲人抖着双手，慢慢地打开琴盒。但琴盒里仅是一张空白纸，根本没有什么秘方……

"小"盲人未能如愿以偿地实现重见光明的梦想。这确是件憾事。但我想，当他在遗憾之余，顿悟到他师父的良苦用心时一定会唏嘘不已、感激涕零。也许对于已近垂暮之年的"小"盲人来说，能否重见光明已并不重要了；重要的是，在漫漫的黑夜里，他的心中那永无止境的追逐。

大海是小溪的追逐，彼岸是航海的追逐，阳光是小树的追逐，精彩美丽的人生是每个人的追逐。正是有了追逐，才有了自然界的勃勃生机。泉水叮咚奔向大海，雄鹰展翅搏击长空，百舸争流万里航行。正是有了追逐，才使人们的人生异彩纷呈。

追求是牵引成功的线索，只要不懈地追求，即使曾被搁浅的小舟，也会随百舸抵达成功的彼岸；即使曾经落伍的孤雁，也会赶上伙伴，飞上万里云天。

英国报业巨子麦克斯韦尔一度失意。当时，他不仅得不到工党政府首脑的青睐，反而被推举为国会行政事务组组长，实际上成为英国政客眼中的笑料。麦斯韦尔意识到，如果自己继续在政坛混下去，情况只会越来越糟。于是他看准时机，毅然退出政坛，并果断收购了英国印刷公司，以其雄健的本色与强大的印刷工会对抗，他又以一亿英镑巨资收购《镜报》，继而横渡大西洋，到纽约抢夺《明日新闻报》，终于成立了麦克斯韦尔通讯公司。实现了多年的梦想。

在追逐的道路上清醒的认识与辨别，同样也很重要。人生需要梦想，需要激情，这是不言而喻的。然而，追逐使人疲倦，使人生险象环生，使世界充满刀光剑影。不错，有人追逐，就有了污浊的水流，变异的灵魂，悲哀的演义。但是，也因为追逐，我们才倍加振奋，才发掘出如此丰富的人生的智慧，才优化了人类，才使我们从原始的初民，逐步进化成都市骄傲的生灵；是追逐，才使人生充实，使社会舞台具有丰富的角色和内容，给我们展示出一个精彩的人生。

你可以不去追逐，但不必以智者的身份劝奉别人放弃追逐。西方谚语说："上帝关了你一扇门，会为你重开一扇窗。"尼采说："受苦的人，没有悲观的权利。"只要能活着，继续追梦，就是好事！人生总要继续下去。哪怕下一次做的，是一个完全不同的梦！

5. 认识诡异的第六感

所谓第六感觉，是指视、听、嗅、尝、触五种感觉以外的感觉。第六感觉不经过麻烦的推理或判断等过程，是在一瞬之间，便直接产生的感觉。它来源于人的潜意识深层，来自心灵深处的另一个自我，可以说是人类的"第三只眼睛"。

第六感觉通常包括：直觉、超感觉、预感、心灵感应以及创造性的灵感，等等。梦与第六感觉有着极为重要的关系。这种感觉可以对解决问题和决策产生难以计数的积极作用。它不仅能产生某种导致答案的预感、印象和直觉，而且更重要的是，它还能提供迎接严峻挑战和激发坚持不懈解决问题的热情。

只要稍加留心，我们就会发现超感觉的直觉现象在生活中随处可见。像这种敏感而准确的直觉洞察力，在关系亲密或处在某种特别紧张激烈的关系中的两人之间，会表现得更为显著，甚至惊人。也许跟直觉预感一样，幻觉的自发显现总是在一些共有与众不同的集从与气质的人身上。这类几近于怪诞的心灵感应式的预感，许多人可能都曾经体验过。

1988 年 1 月 18 日，西南航空公司一客机在重庆市郊外失事，随机遇难的有全国总工会组织部办公室副主任田明，事后他的妻子——一位大学教师谷声应，对记者讲述了她的预感：其实田明走的那天，我就感觉不时，当天晚上连续梦见他两次。我们认识 20 年，结婚 17 年。这是我第一次在梦里见到他。他只穿一条游泳裤，满身全是鸡蛋大的大红疙瘩，边笑边向我走。我问："你痛吗？痒吗？这是怎么搞的？"他没回答我。第二天一早我就对我儿子说："好像有点不对劲，昨晚我梦见你爸爸两次。"

19 日上午，我给学生监考，开始坐不住了。你说是第六感觉吧，没人告诉我出事我怎么会感到不安？中午回来，我给儿子炒了点饼，自己没吃，就往全总跑（平时他出差，我没去过一次他的办公室），想让人帮我往重庆打个长途，问问他是否已平安到了那儿。没想到我刚上到三楼，就听两个人正站在楼梯口议论，好像在议论什么地方出了什么事，前边话没听见，只听见最后一个人急问："哟，哪呀？"

另一个答："重庆！"一听到这两个字，我马上软了，知道这一切准和田明有关！

瑞士心理学家荣格认为，这种类似心灵感应、特异功能的超感觉，是一种天生的和自发的能力，几乎每一个人身上都具备，只是在一些人身上则特别发达。

许多时候。预感总是伴随着梦、幻觉一起降临的。或者说，人们所体验到的预感，常常是因为有过某种怪异的梦或恍恍惚惚的幻觉，而心烦意乱。焦虑不安，无法摆脱由此诱发的一些可怕的念头。当事后果然发生什么事情时，才恍然意识到，奇异的幻象给了自己要出事的预感。

有些自然的法则太难理解，于是产生了类似奇迹的事。记住，"奇迹是最真实的东西"。而在所经历的事情当中，要以第六感最为接近奇迹。众所周知，人所能感受到的是，在物质的每粒原子中充满着一种力量，或可称之为第一因，或可称之为智慧。这种无穷的智慧使橡子变成了橡树，使水因引力的法则流向低处，夜以继日，夏以继冬。每一种都保持着它适当的定位及与其他的各种关系。通过第六感，一个人可以自动地与无穷的智慧沟通，而不需要做其他无用而费力的追求。第六感是以前所提到过的潜意识中创造性想像力中的一部分。它也被称之为"接收机"，通过意念、计划和思想闪入人的心头。这种"闪"有时候被称之为"预感"或"灵感"。

第六感是无法说明的！只有通过内心的心思发展，以沉思的方法，才会产生第六感。通过第六感，你会得到将来的危险，这可以使你避免危险，并能告诉你机会的来临，使你随时把握住它。音乐可以使人步入直觉的境界大部分人听音乐都是无意识的。他们只是单纯地听，并没有对其中内在的联系做任何想法和分析——这当然无可厚非。但是，假如你知道音乐对大脑的深层影响的话，可以使音乐为不同目的服务。你不相信？那么，现在把书放在一边，放一些节奏较强的音乐，你自己喜爱的 CD，你会发现身体在伴着旋律运动。怎么样？你想知道节奏缓慢的音乐是否也具有同样的功能？当然，只不过感受不同罢了。

音乐能够触动我们的思想和情感，并对它们产生影响。音乐无处不在，它所创造的氛围可以对我们产生强烈影响。比如，我们可能会因为某首曲子而回想起初恋时光、某次度假时的情景、某次考试或者某次经历……音乐不仅能够抵达我们的耳朵和神经细胞，它可以直达身体每一处，触动我们最深处的感觉。我们可以有意识地体验一下，比如，你在着一部自己最喜爱的电影时，堵上耳朵。这时，你的感觉将会有所不同。因为，借助于展示的画面，借助于我们的回忆，音乐能激发我们产生某种感情，并使这种感情得到加强。总之，音乐可以开发人的直觉思维。

爱因斯坦不仅是一位伟大的科学家，同时还是个优秀的小提琴演奏家。巴赫的作品是他最擅长的曲子，特别是那首著名的《恰空舞曲》。大家都知道《恰空舞曲》是一首很难的曲目，但这首曲子到爱因斯坦的手里却能演奏得出神入化。

爱国斯坦有一次饶有兴致地时朋友说："我发现运动体的光学原理是通过灵感，这种灵感就是来源于音乐，6岁的时候，父亲就开始指导我学习小提琴，因此我的直觉才会比常人强。来源于音乐的直觉启发了我的很多发现。"

爱因斯坦说的是对的。因为，培养一个人直觉最有效的手段就是音乐。

直觉有时出现在自觉思考中，但更多的是由潜意识在思考之余突然闪现。当人对问题作了长时间多方面的研究之后，身心疲惫使人不得不暂时放下思考的问题。在听音乐时，闪烁创新火花的直觉和灵感常常突然照亮了原本处于混沌状态的心灵，使人获得"曲径通幽处，禅房花木深"、"山重水复疑无路，柳暗花明又一村"的体验。

音乐与科学文化似乎有着迥异的风格，甚至可以说，它们之间有一道难以逾越的鸿沟。也许你很难将五线谱中的休止符和世上的任何事物扯上关系，正如你无法用数理逻辑去解释诗歌一样。然而，就是这样两种迥异的东西时刻为人类神奇的大脑所接受，于是，贝多芬在音乐方面的成就，也就不再是千古一奇了。

理工大学的一位教授在研究电磁脉冲的那一段日子，经常在深夜一边做着实验，一边听着贝多芬的交响乐，甚至兴奋之时还跟着哼了起来。他总是凭着乐曲的支持，超额完成了实验任务。而爱因斯坦是借着拉小提琴的方式来孕育和滋养他的科学探索和人道思想的。普朗克在钢琴中培育物理之中的灵感。可见，音乐给科学注入了很大的活力，它让枯燥的公式随着音乐的节奏去跳舞，让科学家们的头脑在理性思考之外，还充溢着感性色彩的幻想。

音乐的神奇作用同样发生在文学家、诗人和艺术家身上。美国诗人哈姆雷克恩在创作之前，总会在音乐的伴奏下进行构思。在创作时他会选放一首古巴的舞曲或是一首充满神秘色彩的柏辽兹的《幻想交响曲》，然后奋笔疾书，仅偶尔换换音乐。在这种音乐狂潮之中，他完成了一首又一首诗的创作。这正如柏拉图所说："他们一旦受到音乐和韵节的力量的支配，就感到酒神的狂欢。正如酒神的信徒们受到酒神的吩咐，可以从河水中汲取乳汁。这是他们在神志清醒时所不能做的事。"

音乐创造了爱因斯坦和普希金，这种神奇的感受在平凡人的身上也常常会有。现在，你就听听自己最喜爱的 CD，让自己的全身放松，内心平静。你会发现音乐会提高你的思维能力，使你的直觉更灵敏。

名·家·启·迪·小·书·库

名家谈

刘秀红 ◎ 编著

思维

下

中国出版集团

现代出版社

图书在版编目（CIP）数据

名家谈思维(下) / 刘秀红编著. —北京：现代
出版社，2014.1
ISBN 978-7-5143-2126-5

Ⅰ. ①名… Ⅱ. ①刘… Ⅲ. ①思维科学 – 青年读物
②思维科学 – 少年读物 Ⅳ. ①B80 – 49

中国版本图书馆 CIP 数据核字(2014)第 008568 号

作　　者	刘秀红
责任编辑	王敬一
出版发行	现代出版社
通讯地址	北京市安定门外安华里 504 号
邮政编码	100011
电　　话	010 – 64267325 64245264（传真）
网　　址	www.1980xd.com
电子邮箱	xiandai@ cnpitc. com. cn
印　　刷	唐山富达印务有限公司
开　　本	710mm×1000mm 1/16
印　　张	16
版　　次	2014 年 1 月第 1 版　2023 年 5 月第 3 次印刷
书　　号	ISBN 978-7-5143-2126-5
定　　价	76.00 元（上下册）

目 录

第六章　插上想象的翅膀(下)

第七章　学会多思维思考

第十章　生存的八大法则

第十一章　乐观的心态

第六章　插上想象的翅膀（下）

6. 开启你的直觉能力

在这个强调理性思考的年代，许多人不敢相信自己的直觉，甚至羞于承认直觉所做的决定。《求生之书》就明确指出"逻辑思考和自我否定是扼杀直觉的头号杀手"。理性的逻辑训练让我们瞻前顾后，怀疑直觉，而不是去拥抱直觉。殊不知有时直觉在为人办事时会给人们带来绝妙的效果。

假如我们能够了解，直觉是人类另一个认知系统，是和逻辑推理并行的一种能力，或许我们比较能够接受直觉的存在。让直觉进人我们的生活，与思考的能力并行，就像打开车子前面的两个大灯，同时照亮我们左右两边的视野。

如此一来，我们完全有必要来培养我们的直觉能力，你可以尝试下面的做法：

（1）记录自己的直觉或灵感写下突如其来的想法，或者有关直觉的具体观察。

长期记录它们，有助于你辨认直觉与错觉。直觉开发专家萝珊娜芙提出一个"三定律"来教人辨认直觉。"当一个想法出现的时候，让它走。当它再出现的时候，再让它走。假如它第三次再回来，就可以放心地听从这个感觉。"长期记录甚至可以连成一个具体的结果，可以帮助自己了解曾经有过什么样的感动或灵感，长期的记录甚至可以连成一个具体的结果。达·芬奇就是个勤于做笔记的人，他随时写下他所看到的、想到的东西，许多创作就是源自于这些一点一滴积累起来的笔记。

（2）学着使用直觉判断事情，并注意如何能成功地运用直觉。

可以从小事开始练习，只给自己几秒钟的时间决定事情，例如接下来要做什么？穿什么样的衣服？到哪家餐厅吃饭？也可以用心里第一个反应去预测事情，当电话响的时候，先猜猜看是谁打来的？这些练习可以锻炼直觉的肌肉，帮助你用直觉来决定事情，来处理事情，而不是用理性的思考来寻找答案。

（3）放松独处。

不管是散步、独自开车、躺在床上休息或沐浴，都是体察内心深处、找回直觉的绝好时机，许多人都有类似这样的经验，"把一个问题带上床"。醒来时就能够得到解答。只有在放松、放慢脚步的时候，才有机会听到内在的声音，找到决策时所需要的"直觉"制定出办事情的方案。

（4）保持心灵的平静。

当我们心里充满杂念或忧虑的时候，我们的思考无法调至最佳状态。一方面听不到心里的声音，一方面也没办法接收外在的信息。从事摄影工作的琼斯是个直觉很强的人，她认为每个人都有这种能力，她为了创作刻意保持的专心，让她有非常强的直觉。她不轻易打发突如其来的想法，或者没有预期的感动或情绪，直觉总是在无意之间翩然来到，我们所要做的是去听清楚那是什么东西？而不是匆忙的否定或压抑它。

总的来说，直觉是一种常识，要学会聆听心中寂静、微弱的声音，要经常暂停自己在这个世界上的活动，聆听你的内心，用你的直觉检查当时的情形。这个过程是通过内心的修炼来培养的，你知道的比你认为你知道的要多，要综合直觉与分析，将直觉的、主观的灵感与严格的分析相结合，将经验、思维和感情的所有能量投入到决定性行动之中。

7. 在行事中使用直觉

大科学家爱因斯坦明确宣称："我信任直觉"，"我相信直觉和灵感"。在这些饱含科学大师毕生创造活动经验的论述中，令人信服地看到直觉在科学创造中的重要地位。在科学基本原理的创立以及科学命题的验证中，直觉起着重大的作用，而基本原理的提出，又是创造的第一步。从而，科学大师向我们证明：科学道路首先是直觉的而不是逻辑的。

在爱因斯坦看来，直觉不仅是思维，而且是一种信念，这种信念，有时对于科学创造是一股强烈的动力。

爱因斯坦花了7年时间埋头苦干，搞出了他的"相对论"；爱迪生用了3年时间，使电唱机得以完善；哥白尼为证明太阳是整个太阳系的中心，花费了30余年心血。还有成千上万的人不知疲倦地工作着，为的是实现极为困难的目标——战胜疾病、贫穷、无知和野蛮。如果不是对他们各自工作的重要性有着深刻而持久的感情，他们就不会坚韧不拔地干下去。

科学家和其他实干家像机器那样解决问题的传统观念，早就受到了学者们的批驳。他们提倡在工作中充分发挥艺术家的感觉，爱因斯坦本人就曾明确肯定直觉在科学研究中的作用。他说："发现复杂的科学定律，是没有逻辑途径可循的；只有直觉的途径可以利用。科学发现要借助于对表面现象背后的秩序的感觉。"

把直觉能力作为评价科学家才能的一项标准，这是爱因斯坦作为一位对人类做出巨大贡献的科学家的智慧和经验的结晶，是他那划时代的科学成果之外的又一奉献。

爱因斯坦曾说，"真正可贵的因素是直觉。"我们在创造发明或处理各种事情中可以凭直觉抓住思维的"闪光点"，直接了解事物的本质和规律。

有一名学生在栽培辣椒苗时，用细铁丝捆住弯曲的辣椒茎杆，意外地发现这棵被细铁丝缚住的辣椒结果率高于未缚茎杆的辣椒植株。他凭直觉感到这一现象绝非偶然，一定有它的科学性，他抓住这一灵感，在老师的帮助下，有意识地进行了实验，以两排辣椒植株作为实验对象，一排辣椒均用细铁丝缚住茎杆，另一排则不缚；实验结果证实了这名学生的直觉是正确的。

原来，用细铁丝缚住植株茎杆，有效地控制了光合产物的向下运输，使果实生长所需的营养得到进一步保证，从而提高产果率，增加产量。这一发现受到有关人士的赞同和认可。

每个人在学习和工作中确实需要些灵感，而这一灵感的获取是与直觉密切相关的。我们在办事的过程中有时会不按常规思路去做，反而能得到一个意想不到的答案或结果，找到一条办事的捷径。

众所周知的阿基米德定律就是凭直觉解决疑问的例证。

阿基米德在面临"结构复杂的金冠是否用同等重量的白银掺假"问题时百思不得其解。他知道金与银的比重不同，同重的金与银体积也不同，要想知道金冠中是否含有同等重量的白银时，阿基米德很清楚解决问题的关键就是测知金冠体积。用怎样的办法才能测出结构复杂的金冠体积呢？当他带着问题迈入浴缸时，看到浸入水中的身体与浴缸溢出的水就想到两者体积相同，即刻得出了测量金冠体积的办法：把金冠放入水中，被金冠排开的水的体积就是金冠的体积。阿基米德运用的是一种跳跃性的直觉思维，凭直觉使困扰他的疑问迎刃而解。

一个正确的直觉在创造发明和办事中能起到不可估量的作用，我们要经常锻炼自己的直觉思维，发掘我们的创造力，提高办事能力。

8. 挖掘巨大的潜能

人的潜能主要是指心理能量、大脑潜力。事实表明，每个人身上都有巨大的潜能没有开发出来。从生理学角度讲，人的身体潜能存在一个限度；但是从心理学角度讲，人的心理潜力却是无法想象的。

首先，人的脑力活动是个伟大的奇迹。牛津大学生命科学院的弗洛德教授发现，人的能力有90%以上处于休眠状态，未曾得到挖掘开发，其中当然包括思考力。思考的潜能，是每个人身上固有的却未被开发和挖掘的内在能力或能量。人的大脑由数万亿个细胞组成，具有极大的贮存量。一个人若把自己一生耳闻目睹的全部信息，各种事情，一一写下来，即使一天写 24 小时，大约要写 2000 年之久，说不定这还写不完呢！每个人都有潜意识的存在，有许多无法用语言表达的微妙感觉和印象！实际上，一个普通人所表达出的信息量只是巨大的冰山露出海面的峰顶而已。科学家研究表明，像爱因斯坦那样伟大的科学家，也仅仅只用了自己大脑10%的功能，而一般人则连3%都不到，绝大部分的脑细胞仍处于休眠状态。

况且人脑不同于机器，使用久了会有磨损，而是越用越灵活，就像有人学外语，一旦掌握了一两门外语，再学第三门外语就容易多了。

第二，人的潜能另一种表现是精神力量。

人们在选择控制自己的情感和与人交流思想感情方面也有巨大的潜能可以开发利用。这种潜能可以从人们对自主神经系统的新的理解中显示出来。因为人的言谈举止、交际水平和心律、血压、消化器官运动以及脑电波都可以受到精神力量的控制和影响，比如有的人不幸患了不治之症，身离黄泉路不远，但一旦心态积极和精神振作，就有信心与病魔作斗争，该干什么就专心致志地干什么，最后总会创造奇迹。正因为这种事例在世界各国都有发生，并有案可查，科学家们正在预言：终有一天，我们会发现人体有能力使自身再生。这不是指医学手段的新发展，在人体内更换各种零件的技术，而是精神力量的巨大作用。

弗洛德教授曾经运用整体分析的方法，系统研究了一些历史名人的成功经验，如杰斐逊、林肯、罗斯福、卢梭、弗洛伊德、歌德、爱因斯坦等，最后得出这样一个结论：高水平地承认自己！相信自己具有超常的能量是促使他们获得成功的主要原因。

现实生活中，许多人都以为十分清楚自己能力的大小和极限，而实际上他们根本不知道或并不完全知道自己究竟有多大"能耐"。正是对自己潜能的无知，才使许多事情不能做成，许多目标不能实现。德国科学家卡费尔德指出："对自己起限制作用的错误感觉是创造高水平业绩的最大障碍。"

古往今来，无数有着辉煌成就的杰出人物原本并没有什么超越常人的特别才能，但无不具有超越常人的发掘自己潜能的特别能力，挖掘内心的精神力量。他们勇于挣脱潜能的束缚，相信自己一定能够做成自己想做的事情，然后放手大胆地去拼搏，卓有成效地去努力，直至发掘出自己的最大能量，发挥出自己的最好水平，创造出事业的最佳成果。

第三，人的感觉能力非常强烈。人们平常所注意到的信息资源，只是可以感觉到的无数信息的一小部分，人们远远没有充分利用自己的感觉能力。

许多人总是以为自己天生就笨，没别人聪明，所以就自暴自弃。毫无疑问智商的高低是影响一个人事业的重要因素，但事实上许多人缺乏对自己的充分的认识。自己的能力究竟怎样，自己究竟能成为一个什么样的人，许多人对此问题是一无所知的。很难想象一个不"自知"的人怎么能"自信"地面对生活呢？所以人贵在"自知"，就是要充分认识自己，挖掘自己的潜能，就像挖掘一个无穷尽的金矿一样，然后，你才能自信地奔向成功。

9. 让头脑重新归零

儿童头脑代表的是归元思维方式，其特点是思维天真活跃，对常规、常识充满了好奇心和求知欲，思考问题时常常幼稚且无逻辑性。学习儿童头脑的目的是让思维返璞归真，让头脑自找否定，重新归零。以一"无知"的心态去认识熟悉的事物，去思考熟悉的问题，活化因心智成熟所带来的思维僵化和思维定式。

我们可以做个简单的测试，一个黑点在成年人的眼中可能只是个点，而在幼儿园小孩的眼中却可以是星星，是眼睛，是纽扣。因此教育学家说："儿童们在受教育之前好像一个问号，而在毕业之后却变成一个句号。很多大人们自以为是的知识对小孩来说却很可能是一种无知，正是已有的知识与经验成了大人们智能提升的障碍，而小孩子在某方面的无知却无形中为他们打开了创造力的大门。

在美国，有一个叫玛丽亚的 6 岁小女孩，她作为最年轻的百万富翁和浪年轻的商人被载入了《吉尼斯世界大全》。

玛丽亚出生在萨尔瓦多的一个贫穷的印第安人家度，6 岁时随父亲来到美国，一天，她随父亲到著名玩具商房纳德·斯帕克特家里擦洗玻璃窗。正好看见手里拿着玩具的斯帕克特。他问小女孩："你喜欢什么玩具？"她答道："你手里的这些玩具我都不喜欢。然后逐一数落起这些玩具的缺点来。斯帕克特感到这是一个与众不同的孩子，于是就把她带到屋里将各种玩具摆在她面前，征求她的意见。她的预见准确而切中要害。

斯帕克特十分高兴地请她和公司的设计签订了一份长期合同。斯帕克特在谈到为什么将请一个 6 岁的孩子做公司顾问时说了这么一番话："所有的玩具设计师共有一个通病，那就是我们早已成为成年人。失去直接反应孩子眼界的能力。眼界陈旧，缺少激情，总是以成人的眼光设计玩具。

自此，经玛丽亚鉴定过的玩具给公司带来了丰厚的利润。无知来自于年轻的心态，无知可以激发人们的求知欲。古往今来，无数事实证明，那些以一无知的心态去认识熟悉的事物的人，他们的思维更富有活力，更具有旺盛的创造能力。

如何做到思维天真活跃，头脑重新归零？例如，多读一读青年人的杂志，听一听他们喜爱的流行歌曲，看一看专门为青年人制作的节目，尽管刚开始时很难接受，但只要怀着好奇心去接触年轻人的文化，慢慢地就会对他们喜欢的事物产生兴趣，当大脑中的固有思维模式突破后，就能愉快地接受年轻人的东西，这样大脑的思维就更活跃起来。研究表明，经常与青少年打交道的人，往往具有丰富的想象力和强烈的好奇心。据调查，有60%的老师比从事其他职业的人更有创选性，就是因为他们经常接触的是好奇心很强的青少年。

瞎子的耳朵最灵，因为他看不见，他必须竖着耳朵听。久而久之，耳朵功能就锻炼成就了超常的功能。会计的心算能力最差，简单的算术也要用计算器计算，而摆地摊卖东西的则是速算专家。生活中也一样，当你的某种功能充分发挥时，其他功能就可能退化。我们要保持一种好奇心与求知欲，就能够给大脑注入新的活力和生机。不要以为只有青少年才有好奇心。无论是大人还是老人。都可以让自己的思维得到提升和扩充。

以无知的心态去面对世界，保持在孩提时与世界的第一次亲密接触的心态。在绽放生命的每一个细节当中都酝酿着参与宇宙的每一份神秘。让自己多和青年人接触，以青年人的眼光看问题，了解青年人的文化，保持年轻的心态，让自己的心永远是满的。

10. 积极的思维放飞想象力

每个青少年都应在工作、学习上全面发展，提高心理素质，使自我潜能得以充分发挥。人类学家玛格丽特·米德认为，一个正常的健康人运用思维也只是其潜能的10%左右，而这10%还包括那些不健康的、消极的思维。

心理学家赫伯特·奥托也曾提出，随着年龄的增长，人的积极思维和创新能力有下降的趋势，这并不是说人的年龄越大积极思维和创新能力开始退化，而是人本身开始忽视或不愿意再去开发新的思维和创造力。

人的积极思维是从很小的时候开始的。我们许多人都记得在自己很小的时候，就可以自己创作一幅图、唱一支歌或做一个游戏。这种积极思维的状态可以在我们的童心中长时期保持，但随着年龄的增长，我们都可以感觉到这种思维已经渐渐减弱，被取而代之的常常是不加认真思考地按惯性行事，而不是用积极的思维去对待每一件事情。其实这是很不应该的，因为积极的思考是一种思维模式，它能放飞你的想像力，使你在最不利的情况下仍有寻找最佳结果的心态，在追求某种目标时，即便是遇到了很大的困难和阻力，仍可以抱有最好的希望，最终取得预期的效果。

在美国纽约的一所私立学校，学生入学后第一篇作文的题目是《一支铅笔有多少种用途？》如果按照常规的思维去想，铅笔就是用来写字和画画的。但学校让学生们用积极的、创造性的思维去想这个问题，结果孩子们的思路一下被打开了，把铅笔列出了上百种用途。有时还可以当作尺子画线，例如，铅笔不仅能写字、也可以作为礼物送给别人表示友爱，铅笔芯可以磨成粉末做润滑剂，演出时可以用于化妆，削下的木屑可以做成装饰画，一支铅笔按比例锯成若干小段可以做棋子或当成玩具的孩子，铅笔抽掉笔芯可以当吸管，遇到坏人时削尖的铅笔可以当作武器保护自己……

学校教给学生的不仅仅是一支铅笔的用途，而是培养了孩子们的想象力，培养孩子们一种积极的思维方式，让他们觉得任何一种物体都有着它多种的价值，在任何环境下只要自己有积极的思维都有生存下去的可能。这种教学模式让学生的思维能力和心理素质都有了极大的提高，事实证明，在这所学校的毕业生，无论出身高低贵贱，都能找到一份理想的职业，并且生活都很幸福、美满。

能够积极思维的人都善于想象，无论生活环境如何艰难，他们都不屈从于命运的安排，相信自己只要经过努力，就一定能过上好日子。比如做服务生的人，他们幻想着将来可以拥有一座属于自己的酒店；

在工厂里做工的女工，设计着自己未来美满的家庭；出身低微、社会地位不高的人，也幻想着自己将来能有出头之日。

事实上，有些弱势群体中的人，他们并不是没有能力改变自己的生活和所处的环境，但他们总是怨天尤人，缺乏一种积极的思维和心态，不为自己去设计、规划未来，总以为自己的幻想是无济于事的。这种消极的思维使他们无法发挥自身的潜能，更拿不出信心和力量去实现自己的愿望。

为什么积极的思考会产生巨大的力量呢？其实，积极的思维本身并不具备什么神奇的魔力，它不会无缘无故地给失业者变出工作，更不会把穷人一下子变成富翁。但是积极思维者能够及时调整自己的思路，不断变换对问题认识的角度，正确地分析自己的优势和劣势，既面对实际，又敢于追求更高的目标，一步一个脚印地往前走，努力地去实现自己的理想，并取得成功。

第七章　学会多思维思考

一件事，我们会有很多种做的方法，从我们自身出发，我们要学会用多思维去看待应解决的问题，这样才能开发我们的思维潜能与智力。

1.　策略决定成败

策略思维简单地说就是纵观全局的思维方式。只有纵观全局，才能了解全貌，进而对局部进行深刻分析。策略思维是任何个人自身生存和发展的必要条件。通观中外，一个人对历史、现状与未来的正确认识与把握，是他不断更新自己，始终保持站在时代前沿舞台，永不落后的强大力量。

《孙子兵法》中提出"经五事"、"校七计"，就是全面地对待问题；而"五事""七计"以"道"为首，又体现了战略思考的层次性。《三国演义》中的诸葛亮在隆中决策中，既分析了敌、我、友，考虑了天时、地利、人和，又区分了优势和劣势因素，规划了整体战略目标和分阶段的目标。诸葛亮的聪明就在于能够合理布局，神秘出击。

官渡大战以后，刘备逃到荆州，投奔刘表。他是一个很有心计的人。谋士徐庆投奔他之后，百般推存诸葛亮，于是，刘备就带着关羽、张飞，一起到隆中去请诸葛亮。三顾茅庐之后，诸葛亮终于被他的诚意所感动了。诸葛亮也就推心置腹地跟刘备谈了自己的主张。他说："现在袁绍已被曹操打败，曹操如今拥兵百万，且又挟天子号天下，这就不能光凭武力和他争胜负了。孙权占据江东一带，已经三代。江东地势险要，人才济济。看来，也只能和他联合，不能和他抗衡。"

接着，诸葛亮又分析了荆州和益州的形势，认为荆州是军事要地，益州是"天府之国"。最后，他说："将军是立室的后代，闻名天下，如果您能占领荆州和益州，对外联合孙权，对内整顿内政，一旦有机会，就可以攻击曹操。如此一来，功业可成，汉室可兴矣！"刘备听了诸葛亮这一番精辟透彻的分析，思想豁然开朗。他觉得诸葛亮不愧是一个人才，于是诚恳地请诸葛亮出山，帮助他完成匡扶汉室的大业。诸葛亮答应出山对应刘备。后来，人们把这件事称作"三顾茅庐"，把诸葛亮这番谈话称作"隆中对"。

谋全局，就要求战略经营必须体现整体意识、宏观意识、远见意识；既要有全局性，又要有层次性；既要统筹兼顾，重点攻关，又要全方位进行思考，防止顾此失彼，出现遗漏，还要分清不同层次，区别轻重缓急。

人越有宏观意识，就越有成功的潜质，策略思维带来巨大的利益，会打开不可思议的机会之门。一个缺乏策略思维的人可能会被等待着他们的未来弄得目瞪口呆。变化之风会把他们刮得满天乱飞，他们不知道会落在哪个角落，等待他们的又是什么东西。

如果你有策略思维的能力，又勤奋努力，你将来就更有可能实现你的目标。诚然，未来是无法保证的，任何人都一样，但你能大大增加成功的机会。然而一个徘徊于过去，满足于现在，不放眼未来的人是永远不会飞得更高的。

高尔基说："人区别于动物最大、最显著的特征就是思考，它成就了人类文明史。"现代社会处在科技、经济迅猛发展的时代；处在广泛分工、密切协作、社会联系空前复杂的时代。站在时代的前沿，人们必须把自己的目光从内部扩大到外部，从眼前延伸到长远，系统地、发展地进行思考。因此可以说，策略思维决定了成败。

2. 一步一步　多想多做

现代社会是一种快节奏的生活，优胜劣汰的生存环境无不在挑动人类的竞争意识。只要你一步一步，多想多做，一定可以到达成功的彼岸。目光高人一寸，行动先人一步，奋斗不息，永不泄气！这样，无论面对什么样的境遇，都可以胸有成竹，信心百倍，做到游刃有余，处事泰然。

印度有一个古老的传说：相传在河内附近住着一群和尚，他们在解决一个名叫"河内塔，的问题这个问题是这样的：有3根柱子和64个大小不一的盘子，盘子按由大到小的顺序像塔一样的从下往上堆积在第一根柱子上。现在要将第一根柱子上的盘于全部移到第三根柱子上，并且也要按从大到小的顺序堆放，即最大的盘子在最下面，最小的盘子在最上面。在移动盘于的过程中还有一个条件，必须保证小的盘子始终在大的盘子的上面。第二根柱子，也就是中间的那根柱子可以作为中介。

要解决这个河内塔问题，就要将最终目标分成若干个子目标。通过完成每一个子目标来把最终的目标实现。

　　最终的目标是要将所有的盘子按从大，按小的顺序放在第三根柱子上，这个目标显然不能立即达到，我们首先要确定第一个子目标，那就是把最大的那个盘子先移到第三根柱子上。由于中盘子和小盘子现在在大盘子上。所以这一目标不能立即达到。

　　于是，我们接下来常要确定第二个子目标：将中小盘子从大盘子上移走。因为小盘子在中盘子上，这一目标也不能立即达到。

　　最后我们继续确定第三个目标：将小盘子从中盘子上移走。移到哪儿？既然中盘子要移到第二根柱子上，因此小盘子就要先移到第三根柱子上。等中盘子移到第二根柱子上之后，小盘子再从第三根柱子上移到第二根柱子上。这样，第一个子目标：大盘子移到第三根柱子上就能达到了。

　　从对河内塔问题的解答中，我们可以看到最终目标的实现无非就是沿着一个一个地目标走下去，直到达到最终的目标而已。虽然我们知道最终的目标是什么，但在一步一步前进，完成每个子目标的过程中，我们是不知道这样做是否能达到最终目标的，不过我们也知道只有先完成这些子目标，才有可能达到最终目标，换句话说，先前子目标的完成为最终目标的完成提供了必要条件。简单地说，我们要实现最终的目标，就要有步步为营、环环相扣的行动。

　　远谋大略只是属于思想和计划，而任何理论的实现必须由点滴行动来完成，这就要求人在实现目标时要做好长期的心理准备。任何一件事，从计划到实现的阶段，总有一段所谓酝酿期的存在，也就是需要一些时间让时机成熟。无论计划如何正确无误，执行者总要不慌不忙、冷静地等待合适机会的到来，如过于急，不仅不会迅速达成目的，反而有可能遭到阻碍。因此，让远见变成现实，还要有耐心，一步一步，多想多做，这才是真正的智者。

步步为营、环环相扣的布局对于既定目标和任务。并没有停留在表面，而是多想了几步，多走了几步，将与目标相关的信息、材料、要求和各种可能出现的结果都进行分析、预测并采取一些可操作性、实用性的行动。如此这般，在一个竞争的时代，让自己永远站在时代的前沿，不做落后者和懦夫，调整视线，站稳脚步，一步一步将美好的愿望进行到底！

记忆与感知不同，感知反映的是当前作用于感官的事物，离开当前的客观事物，感知就不复存在。记忆总是指向过去，是在感知发生后出现的，是人脑对过去经历过的事物的反映。由于理解是记忆的前提和基础，因此，理解是最基本、最有效记忆的方法。正如格言所说："若要记得，必先住得。"所谓理解，就是逐步认识事物的联系、关系直至认识其本质、规律的一种思维活动。通俗地说，就是对某一事物不仅，"知其然"，而且"知其所以然"，不仅能回答"是什么"的问题，而且能回答"为什么"的问题。

日本教育界提倡的一句口号是：一要理解，不要死记硬背！捷克著名教育家夸美纽斯也说："学生首先应当学会理解事物，然后再去记忆它们。"

林肯出身贫寒，小时候买不起书，只好去借。只要有人肯借给他，无论多辛苦他都要去借。借后反复阅读。直到完全理解和记住着这种阅读一理解一记忆的方法，林肯积累了大量的知识。最后，他成为了美国历史上最优秀的总统之一。

如果一个人没有知识，也就无从思考了。一个人的记忆储存、信息含量是他引发兴趣、占有知识的基础。对过去学习得到的知识的回想、重现与掌握就是记忆性思考。在人的一生中，记忆是一个人唯一留得下的财富。有句话说得好：感觉到了的东西，我们不能立刻理解它，只有理解了的东西，才能深刻地感觉它。理解记忆法的诀窍就在于此。就是将所理解和记住的各种局部内容联系起来反复思考，全面理解。这样更有利于加深记忆。那么，怎样进行理解记忆呢？对识识材料进行综合分析、研究斟酌，力争掌握其内容实质。就是说，对识识材料务求必懂，不能囫囵吞枣。

我国古代许多学者都非常重视这点甚至字求其训，句索其旨。

宋朝有个叫陈正之的人，读书很助奋，常常手不释卷、废寝忘食。但收获不多，长进甚少，反复琢磨，他埋怨自己记忆能力不好。后来，他向朱杏求教，朱杏指教他说：你以后读书，每次只读五十个字一连读它两三百遍。"陈正之遵训而行，果然受益匪浅。

教育家徐特立也说过：我读书宁肯少些，也要通透些。所以，进行记忆的第一步是要弄清材料的精神实质，把握事物的内在规律，千万不能停留在一知半解、似是而非上，更不能不懂装懂、自欺欺人，那样就很难获得高超的记忆。

3. 动员五官 联合为记忆出力

记忆方法，因人而异。有人喜欢高声朗读记忆；有人喜欢默读记忆；还有人反复抄写……可谓五花八门，各有特色。但如果不追求速度，最稳妥、最深刻的记忆方法还是运用五官感觉的记忆方法。全身动员起与这些感觉相连的全部大脑的神经细胞，可使它们联合起来为你的记忆出力。

这样容易在人的脑海中形成一幅美好的画面。当你需要回忆时，只要其中某一感觉有记忆线索，就能迅速地回忆起全部的记忆内容。假如视觉神经细胞中没有任何记忆线索，而其他感觉，比如触觉神经中有记忆线索，也能够迅速联想起这些记忆内容。

尽量多方面地创造机会使用听觉、视觉、触觉以及手足的运动等，即通过看、写、读、听等活动身体的方式去记忆。

从某种意义上讲，这是一种为日后记忆留下线索的记忆方法。显然，动员起来的五官感觉越多，记忆得就越扎实牢靠。但是不是每个人都能够保证每次记忆时都能动员起五官感觉。那么，当时间很少或记忆量很大的时候该怎样做呢？一般来说，人们论及记忆方法时，常把人分为听觉型、视觉型、感觉型和语言型等几种类型，认为应该根据每一类型的特点，选用最合适的记忆方法，其实这仲方法并不好。的确，记忆中有通过"看"来记忆，通过"听"来记忆，通过"写"来记忆，通过一"读"来记忆等几种方法。但把自己定为某种特型的做法是不切实际的。只要能够留下记忆的痕迹，采用什么方式都可以。

比如，对有参考价值的一页书折个小角。这种方法与画线相比，既省时又省力。当下次翻开那页时，所需内容会立刻找到，在脑海里留下深刻记忆。读书学习时更应如此，应该尽可能利用书中空白，写上自己的体会、感想。充分地加以想象，这样就可以在脑海中形成生动的画面，留下深刻的记忆痕迹。

不论是哪种记忆方法，重要的是要在脑海里留下记忆的痕迹。这一点看似微不足道，实则做与不做在记忆的信息量上会产生极大的差别。

用手折角也好，在感官刺激的过程中刺激记忆也罢，说来都是动员触觉和运动神经等形象记忆法，这与死记硬背是截然不同的。

例如：问《醉有辛记》的作者是谁，仅记得是唐宋八大家之一却忘是什么名字。那么，就先背诵唐宋八大家的人名，韩愈、柳宗元……当读到欧阳修时，你就会马上醒悟。有时很难回忆出某首律诗的某一句，若从诗的头一句按顺序回忆下去，就很容易想起了。

形象给人的印象是特别深刻的。听一次报告。你不可能记住报告人的每一句话，但他说话时的神情、手势，却很容易记住，往往是历历在目，有时先回忆当事人的神情动作，也能令人满意地连带回忆出所需要的内容。

这种记忆还有一个显著特点，就是当你再次遇到同样的信息时，大脑中记忆的那些行为的"录像带"就会浮现出来。记忆的画面油然而生。这一过程多次重复，会使你对这那分内容的记忆愈加深刻、牢固。

当然，有的人不经深思熟虑而去胡乱地勾两横线。这是人们最容易陷入的"陷阱"，常常是因为画了横线而产生一种"安心感"，从而放松了必要的记忆。

NHK 的著名播音员铃木健二曾形容这种做法是，红铅笔记住了，可自己却什么也没记住"，一语道破了其不科学性。

胡乱画线会使大脑中储存记忆痕迹的画线过多，引起记忆混乱，最终效果适得其反。这种做法只会使书本变成满篇红线的无用之物。与其如此，还不如动员起全身的神经，形成深刻的记忆画面。

4. 让偶然的意识显现必然的结果

如果你有某一宏伟的目标要实现，那么，请闭上眼睛，让你的思维不断发散，自由翱翔。想象自己站在一个宽大的屏幕前，而你的未来就在屏幕里边，里面正演绎着一幕幕把自己的理想变成现实的画面，并在头脑中表现出每一幕过程及细节，使之牢牢印在脑海中。每天抽出一点时间来做这种意识的训练，会给我们生活、工作带来乐趣和希望，将会对自己的未来更加充满信心。当然，进行这种训练不能够完全着迷，这种偶然的意识只能给你带来激情和动力，如何把这种偶然的意识呈现为一种必然的成果。这需要发散思维的融会与贯通。

被称为新工业之父的亨利·福特，年轻时在一家电灯公司工作。有一天，他突发奇想，产生了要设计一种新型引擎的意识，他在这一偶然意识的驱使下，经过三年的艰辛努力，终于把这个异想天开的稀奇东西向世人展示了。1893年，亨利·福特和他的妻子乘坐一辆没有马的"马车"，在大街上前进，街上的人都被吓了一跳。新工业时代的汽车，就在亨利·福特的创造中诞生了。

无独有偶，美国纽约也有这种利用发散思维创造的发明。美国纽约州有一位农场主，每天都很忙碌，妻子为了催他回家吃饭，跑得气喘吁吁，于是就买了一只兽角作"喊话筒"用。当她第一次"呜呜"地吹响兽角时，奇迹出现了：几百只的毛虫像雨点一样从院子里的几棵果树上掉下来。她马上把这一奇特现象告诉了丈夫。丈夫就用这只兽角给果树除虫，效果非常好。

这一奇特的事儿传到一位农业科学家耳里后，他亲自来农场做了一番考察，顿时灵感大发，一个利用声波除虫的新方法列入了他的研究计划。经过不断地实验探索，一种声波振荡除虫器发明成功。使用这种器械除虫，可以避免农药对水果和土地的污染，对"绿色农产品"的生产具有积极的意义。

上述的发明故事，是主人抓住了生活中的偶然，再使这种偶然意识成为一种必然。也有许多发明是通过观察，如花开花落一样多次重复发生的现象，从中归纳找出了规律，而拿到了发明的金钥匙。大家都知道，"海中霸王"，鲨鱼是非常凶残的，它时常袭击在水下作业的潜水员和在海面上漂浮着的小船。为此，科学家们一直在冥思苦想对付它的办法。有一次，一位"好事者"把一条饿了几天的鲨鱼放进水池里，轮流把涂了不同颜色的板块投入水中。结果，每投一次，饥肠辘辘的鲨鱼就猛窜一次，咬住板块就狼吞虎咽起来。但是，唯独见了橙黄色的板块，就立即调转尾巴逃之夭夭，宁愿挨饿也不肯靠近。接着，试验者又用黄色光照射水面，鲨鱼便索性躺在水底"绝食"，干脆一动也不动。根据鲨鱼的这一特性，人们想到了安全救生圈和救生衣的创新设计，于是救生圈和救生衣被涂上了橙黄色，一来可以吓跑鲨鱼，二来可以使营救人员易于发现目标，从而确保其人身安全。

至于防鲨鱼的"弗列莉新衣"的发明，则是澳大利亚的海底摄影师泰勒。泰勒通过不断的研究，用了一年多的时间，制成了由 15 万个小钢环串连而成的盔甲式连身衣之后，由其爱妻弗列莉亲自试穿，一次又一次地在海底鲨鱼出没的地区进行重复实验，证明这种新型内衣能够有效抗御鲨鱼的袭击，为潜水作业的人员带来了福音。昙花一现，得来偶然，颇为轻松；花开花落，梅开几度，蕴含着长期的观察思考，大有"两句三年得，一吟双目泪流的艰辛。"

偶然的意识赋予了人们成功的钥匙；发散思维打开的也是成功之门。告诉我们的是这样一个道理：发明方法万万千，一个偶然的意识也会发散成为一条成功的思路。

5. 大自然是最好的老师

世界上没有比大自然更好的老师，她将万事万物都毫无保留的展示在我们面前，让我们去看、去听、去摸、去品尝、去探索，大自然是个无穷的知识宝库，有着神奇的力量。让自己多接触大自然，参与神秘的探索会增长我们的智慧。因为在大自然中蕴涵着很多门类的知识，如动物学、植物学、化学、地质学，等等。

去郊外时，不管是孩子还是大人，都可以细致观察自然界的东西，探索自然界的奥秘。当回家后把所见所闻写成有趣的文章，就更有价值了。有一次，法布尔在森林中发现了一个很大的蛹，于是，他就把它带回家，没过多久，蛹孵化成了一只雌蛾。一天晚上，一群雄蛾从很远的森林里飞来，嗡嗡作响地撞在玻璃窗上。法布尔感到很迷惑，心想，雄蛾怎么会找到这里来呢？一定是受到雌蛾的某种引诱。他很想弄明白雌蛾究竟是用什么办法来传递信息的，雄蛾又是怎么找到雌蛾的。于是，法布尔就开始观察和研究。他用纸把雌蛾挡了起来，雄蛾自然就看不到雌蛾，但雄蛾还是很快找到了雌蛾。

这个实验说明雄蛾不是靠眼睛发现雌蛾的。紧接着，法布尔用玻璃罩把雌蛾罩起来，让雄蛾能够看得见雌蛾，可不让雄蛾闻到雌蛾的气味。结果，雄蛾显得很迷茫，找不到雌蛾。法布尔又用一些干净的棉花在雌蛾身上擦了一下，这样一来，雄蛾们立即飞到了棉花上，完全把棉花当成了雌蛾。通过这些观察，法布尔得出了一个重要的结论，雄蛾是靠雌蛾发出的气味而找到它的踪迹的。这种气味就是昆虫的性信息。古代埃及人也正是通过观察尼罗河从中得到启示才得出了一个结论：一年有 365 天。

最先观察到一年 365 天的是埃及人。早在五六千年前，埃及人就把一年分为 12 个月，每个月 30 天。为什么埃及人发现有一年 365 天？首先，我们可以把它归结为尼罗河的启示。尼罗河是一条颇有规律的活动的河，它每年泛滥一次，每次泛滥都是从 6 月底开始，至 10 月下旬结束。就像花儿的开放具有季节性但并不能确切地落实到某一天一样，尼罗河的洪水也是如此。它有可能较往年早来几天，也可能较往年晚来几天。因此，尼罗河的定期泛滥又不能确切地把一年有多少天告诉人们。此外，对尼罗河流域以外的人们来说，以尼罗河涨落为依据的历法对他们并没多大意义。

更进一步说，尼罗河水的涨落也是会发生变化的，它随着生态环境、气候的变化而变化。古埃及人能获得首先发现一年 365 天的荣誉，是因为他们制定这一历法的依据除尼罗河的启示之外，还通过大量观察天体的位置移动。通过观察，神秘的宇宙一直是人们创造发明的灵感之源。当一个善思的人仔细观察大自然时，就会有新的感觉，新的发现。其实大自然中蕴含着人类一切的文化成果，她把持着整个人类生活的节律。顺应这种节律就是人类赖以生存的最好方式。观察大自然不光能够洞察先机，接触她还可以使人们的身体受益，精神也因此而旺盛。大自然是人类的老师，陶冶人的情操，增进人的智慧，洗涤人的心灵。

6. 从真实和兴趣两方面着手

任何观察可以从两个方面来入手：一为真实，二为离奇。所谓：百闻不如一见，真实是观察的前提；从新奇入手，因为这往往是人生创作的灵感源泉和重要素材。人生中真正的玩家都是会生活的人，其实人生也是一个旅程，所见所闻，所感所思都是人生命中重要的体验。

既然人生是一个旅程，我们真的可以切身力行去旅行，增加生命中的真实而又新奇的体验。这可以触发人们的感觉思维，激发人们的灵感，而且可以让人们更积极的生活和快乐的工作。不光如此，人在旅程中通过所见所闻，所感所思而观察和体悟的一切将是人物质和精神上的丰富养料。就拿橡皮的发明来说，这其中还有一段旅途生涯呢！

人类使用橡皮的时期，可以追溯到 18 世纪的欧洲，当然所用的是天然橡皮，原料来自于中南美洲的橡胶树。虽然欧洲人使用天然橡皮已经有很长一段时间了，但是用途有限，主要是由于天然橡胶性质不稳，遇冷太硬，遇热则太软的缘故所以只能把它们加工制造出橡皮擦和雨衣。

19 世纪，美国的科学家查尔斯·古德伊尔一直在思考，怎样才能改进橡皮的功能。一次，查尔斯·古德伊尔去印尼的苏门答腊旅行，特地拜访了一位橡胶园的主人。他观察到此地采割的橡胶汁，和他在中美洲见到的不一样。他的推测是，此地靠近火山区，也许是岩浆灰的关系。当他回到美国后，立即采用岩浆灰的不同成分和天然橡胶相混，再用火烧烤，进行实验。最后，他发现硫磺和天然橡胶相混，可以产生最稳定的效果，不但可以耐热，即使在零度以下的天气，也不会变得过硬。查尔斯·古德伊尔因为这次的组合成功，发明了天然橡皮。

像网络 e 时代的新新人类褚士莹，又是一个典范。一些年轻的朋友，大概都听说过褚士莹。他的经历真是丰富，在台湾读完大学后，又跑到埃及和美国哈佛读研究生。光凭他跑到埃及读书这一点来说，就会让人感到不可思议。他不到 30 岁，就已经跑遍了全世界，而且曾经做过很多奇特的事情，像是去埃塞俄比亚高原种咖啡，向德国的文化基金会申请去白令海峡航行，担任日本东京一家企业的管理顾问，甚至是去应征 MTV 台的娱乐新闻主播，以及当一个旅行作家。这些有趣的经历，让很多人对他产生了好奇。

因为跑遍全世界的关系，在褚士莹心中，旅行变成了生活中的必要组成部分，所以在他的生涯中，都会将能不能到处旅行，当做衡量的标准。他曾经考虑过外销公司采购、导游、航行服务员、跑单帮、管理顾问等不同的职业。他曾担任一家美国网络公司的亚太区总监，出差住五星级饭店与坐头等舱飞机，成为他的工作项目之一。我们如果常常观察一些喜欢旅行的朋友，就会发现他们的点子很有创意，思维非常活跃，而这就是旅行的好处。

当我们在不同的文明国度里流浪，就会有一种置身境外的快乐，抛开既定的生活节奏与步调，对于世间万物产生新奇的观点。像 19 世纪西方许多的旅行家，以征服大自然的旅行方式，创造了一种和其他文明对话的包容文化。褚士莹可称得上是旅行玩家的一个典范，他所去的地方，不光只是文明发达的欧美大陆，即使是第三世界中的一些蛮荒之地，也有他探访的足迹。所以他的工作智慧不仅可以像西方人那样，在一个制度的架构下做天马行空的挥洒，而且同时也能像东方人一样，在非制式的人情习惯中游刃有余。也因为他尚且年轻，就积累了广阔的生活背景，所以他在工作上可以得心应手，在不同国度中，寻找最切合自己的工作态度。旅行是一种真实而又新奇的体验，它开拓了人们的视野，又与人们的生活和工作紧密相连，真正爱旅行的人热爱生活，热爱工作，热爱人生。

7. 通过现象看本质

对于每一个人来说，缺乏洞察力会制约我们的思维深度。洞察力对于深度思维是至关重要的。深度的洞察力就是表现为透过现象看到本质的能力。也就是说，靠自己的感官，有目的、有计划、主动地去感知，并且只有将感知和思维结合，才是真正的观察。

　　而这种观察现象，抓这本质的能力，才是真正的良好的观察力。如果你的洞察力不行，请试试从另一个角度看问题。研究历史，研究其他民族的文化，然后在分析当前的事物时留意将来，正如弗兰克·盖恩所说："只有看到别人看不见的事物的人，才能做到别人做不到的事情。"

　　在第一次世界大战的一次战役前夕，德军一位参谋长拿着望远镜观察法军阵地的情况。他接连 4 天都可以看到，法军阵地后方的一块坟地上，每到早晨八九点钟，总有一只猫在那里晒太阳。是家猫，还是野猫？德军指挥官们作了分析、推理：野猫的行踪是不定的，而这只猫行动很有规律。根据这一特征，他们断定这是一只家猫。

　　据此，他们又做了分析：附近没有人家和房屋，猫的主人肯定是居住在地下，由此推知地下一定有法军的秘密基地。又因为士兵和一般军官是不能把猫带到前沿阵地的，由此推知，这儿一定是个高级指挥所，驻有高级军官。于是德军集中了 6 个炮兵营的火力对那里进行了猛烈的轰击。最后可想而知，一个法军指挥所被摧毁，隐蔽其中的法军官兵全部丧命。对于细节的一个小小的鉴别分析，使德军获得一次重大的胜利，而法军却为了一只家猫，付出了生命的代价。可见通过现象看到本质的能力，能够使人正确的判断与决策。

　　一个人要想干一番大事业，如果你的洞察力不强，当别人着手行动的时候，你还在那里茫然无措，那么你永远都超越不了别人，只能亦步亦趋地跟在别人的后面。对于那些想自己创业的人来说，拥有敏锐的洞察力是不能缺少的重要素质之一。本田汽车正是透过现象看到本质的能力有效地预测与行动，致使本田汽车成功地打入美国的市场。本田汽车在美国占有一片天地，创办人本田宗一郎功不可没。

当本田汽车在日本站稳了脚跟后，他将目标市场移往了美国。在20世纪80年代初期，美国汽车工业仍然居于世界的垄断地位，日本汽车只是刚刚起步，本田宗一郎就冥思苦想如何在美国跨出成功的第一步。本田宗一郎花了大量的时间观察美国的环境，他看出美国的车款注重豪华美观，相对的也比较耗油。而当时中东情势不稳定，随时都有可能爆发石油危机，油价极有可能呈上升趋势。本田宗一郎找到了有到的诉求，以省油作为本田汽车的行销卖点。恰好此时石油危机爆发，石油价格不断上涨，美国民众为了经济上的考虑，便选择了日本车种，本田汽车也就顺利地打进美国市场。

本田宗一郎的洞察力是敏锐的。美国之后对汽车限制进口，不过因为本田汽车已在美国投资，创造了许多就业机会，遭受的影响比其他日本汽车品牌要小得多。本田汽车也在创办人的精明决策下，成为全球最有竞争力的汽车品牌之一。

世界上的任何一种潮流或者趋势，都有一定的预兆。如果我们有良好的观察力，通过现象看到本质，把种种预兆转换成自己手里的巨大源泉，我们就能从现在的事态发展中预测出未来的神机。其次，当网罗到这个预兆，行动还必须要快，捷足先登，那么我们就可以改写自己的命运，走向成功。

8. 永远注意自己想要的

在现实生活中，人们的注意力应该放在哪里？世界无限大，世界也无限小。绝对不要想你不要的东西，永远要观察、注意你要的东西，你的注意力等于你的结果。

成功永远没有能不能的问题，成功只有一个考虑：要还是不要。只要别人能做到的，我也能。这个道理也适合于你。成功者都必须自我激励。激励不是别人的赠予，而是自己跟自己玩的游戏，我要求自己永远以下面的角度来思考所有的问题。每个人都可以注意自己想要的，而非自己恐惧的。

有一位心理学教授用最得意的两位学生做实验。他把两人找来，给每人6只白老鼠，然后说，他想要看他们能在一个月之内教会白老鼠做什么事。教授对其中一名学生说："你很幸运，因为你的老鼠是由杰出的基因所培养出来的。一个月之后，我希望你能教会它们任何狗都学得会的东西——翻身、坐下、装死，等等。"教授对另一名学生说："你分到的只是普通的老鼠，要想教会它们什么，只是徒劳无功而已。"

一个月之后，两名学生带着他们的白老鼠回来。第一位学生对他的成果非常满意，教出的老鼠简直就像训练有素的马戏团成员，坐下、翻身、装死等把戏都很拿手，一个口令一个动作。而第二名学生则对教授说："你说的对，我的老鼠的确很笨，成天缩在角落一边，给它们食物也不敢过来吃，我教不会它们做任何事。"这名教授笑着对两位学生说道："这一切只不过是一个实验而已。12只老鼠都是一样的，唯一的差别只在于你们，一个的观察注意力在于怎样才能教会它们，而另一个的观察注意力则在于不可能教会它们。"

把你们的注意力透过这种思维方式从这个问题上移开，而集中到人生中是什么给你们带来了想要的结果的问题上，这对你是很有益处的。哪种思维方式会让你的人生更丰富、更有成果呢？注意力集中在哪里，全身的精力集中在哪里，哪里就是你观察的结果。这种思维方式对个人的成长、发挥影响力及创造充实的生命都是至关重要的。因为，永远注意自己想要的具有超乎寻常的力量。

把注意力集中在哪里，哪里就会有奇迹产生。你注意什么，就会得到什么。我们不妨来做个实验。请你现在看看你的房间里都有哪些东西是红色的。好的，你做得很好，下面请你闭上眼睛。闭上了吧，好，现在请你告诉我，你的房间里都有什么东西是黑色的。告诉我，你能说出来吗？不用说，你说出来的东西是非常少的几件。为什么呢？注意力导致结果。因为你的意识经过我的指令控制以后，完全把注意力集中在于"红色"的东西上，而非"黑色"的东西。这一条信仰对你今后的生活将很有启发。因为，你在任何方面的注意力都会决定你在这方面所取得的结果。

让我们再看看发生在学生课堂上的一件事。一天，一个老师拿出一张中间有个黑点的白纸问同学们看见了什么，全班同学盯住黑点，齐声喊道：一个黑点！老师沮丧地说，这么大的白纸没有看见，只盯住一个黑点，你的一生将是非常不幸的。整个教室寂静无声。沉默中，老师又拿出一张黑纸，中间有一个白点，老师又问同学们看见了什么，这下同学们开窍了：一个白点。老师欣慰地笑了，太好了，无限美好的未来在等着你们。

9. 成为先知先觉的能手

我们都知道，大自然里有许多动物，在灾难来临前，都可以立刻觉察到，并且发出讯号通知同伴，这种觉察的速度，往往为人类所不及。武侠小说中的人物，可以从观察对手的细微动作与神情，猜测对手的下一步招式。而我们对于所处的生活环境，也应该保持如此敏锐的感知能力。

如何能够成为先知先觉的能手呢？首先，就是要放开自己的心胸。我们平常生活的压力太大、烦恼太多，就像一扇沾满灰尘的窗户，完全看不见外面的世界。一旦我们能清除心中的尘埃，让心窗清静无比，就能清楚地看见外头的美好阳光，以及宇宙万物的一切。要想成为先知先觉的能手，还要不断地扩大自己搜寻的视野，观察的范围越广，所得到的收获就越多。

詹宏志可以说是华人社群的创意人物之一，他经营的事业涉及了生活中的方方面面，因为他观察的角度，触及了不同的方向。不论是电脑、平面媒体、网络媒体、行销、出版、广告、旅游文学、侦探小说、流行音乐、电影等，处处都有他观察的痕迹与报告。我们每一个人都可以学习詹宏志，尽情地延伸观察角度，这样就会发现更多的机会存在。

中国台湾某报记者受命采访大陆著名画家李可染，当他兴致勃勃地来到李家时，方知李可染已经乘鹤西去。因某种原因，李可染辞世的消息尚不为人知。这位记者探得这一消息，心中怦然一动，马上赶往荣宝斋等寄售李可染书画之店堂。一见大喜，李公绝笔书函仍原价挂在那里。记者马上电告自己亲属，倾尽全家之力，把大笔款项电汇北京，将李可染生前寄售的书画尽数买下。时隔一月之后，港台以及海外人士才知李公仙逝。待他们纷纷赶到北京，欲得李可染生前亲笔书画时，李公绝笔画宝早已黄鹤杳杳了。而购得李可染书画的这位中国台湾记者一念之间就成了巨富。这位记者正是通过尽情地延伸观察角度才使得他抓住机遇发财致富的。

要想成为先知先觉的能手还有一种重要的方法就是抓住疑点，一追到底。这种方法一直是检验人的思维能力的标志。要发现真理，说难也不难，说容易并不容易。谢皮罗教授认为水漩涡与地球自旋有关，并于1962年对上述现象发表了研究论文，由于地球不停地自西向东旋转，而美国处于北半球，便使洗澡水朝逆时针方向旋转。他断言，在南半球洗澡水将按顺时针旋转；在赤道则不会形成漩涡。他甚至推论台风的旋转方向也和洗澡水的旋转方向一致。谢皮罗教授从洗澡水的漩涡，联想到地球的自转问题。联想到台风的旋转方向问题，一个疑问连着一个疑问，经过观察思考，最后把一个个"？"拉直变成"！"，奏响了一曲追求真理的凯歌。真理常常就在人们的身边，其关键之点就是看你有没有留心生活中的点点滴滴，看你有没有一个善于思考的脑子，看你有没有敢于坚持真理的勇气。就拿洗澡来说，是一件非常普通的事情。洗完澡，扣开塞子，水哗哗地流走……

这件事对我们来说再寻常不过。然而，美国麻省理工学院的谢皮罗教授却注意到：每次放掉洗澡水时，水的漩涡总是向左旋的，也就是逆时针的。这是为什么？这个问题从脑海里一涌出来，就被谢皮罗教授抓住了。先知先觉的能力就是从生活中的每一个细节做起。

10. 做人做事不必面面俱到

有这么一则寓言故事，相信你读后一定颇有启发。

一天，父子俩赶着一头驴进城，子在前，父在后，半路上有人笑他们："真笨，有驴子竟然不骑！"父亲觉得有理，便叫儿子骑上驴，自己跟着走。走了不久，又有人说："真是不孝的儿子，竟然让自己的父亲走路！"父亲赶忙叫儿子下来，自己骑上驴背。走了一会，又有人说："真是狠心的父亲，自己骑驴，让孩子走路，不怕把孩子累死？"父亲连忙叫儿子也骑上驴背，这下子总该没人有意见了吧！谁知又有人说："俩人骑在驴背上，不怕把那瘦驴压死？"父子俩赶快溜下驴背，把驴子四只脚绑起来，一前一后用棍子扛着。经过一座桥时，驴子因为不舒服，挣扎了一下，结果掉到河里淹死了！很多人做人做事就像上述故事中所讲的父亲，人家叫他怎么做，他就怎么做。谁抗议，就听谁的！结果呢？大家都有意见，而且大家都不满意。

　　一般来说，这么做事的人有以下几种心理：不想得罪任何人，甚至想讨好每一个人，至于是非对错，就悉听尊便！本身就是没有主见之人，无法分辨是非对错，所以谁说得有理，就听谁的。不管是出于什么样的心理，但你要知道一点：想面面俱到，不得罪任何人，想讨好每一个人，那是绝对不可能的！因为在做人方面，你不可能顾及到每一个人的面子和利益，你认为照顾到了，别人却不一定那么认为，甚至根本就不领你的情；在做事方面，你也不可能照顾到每一个人的立场，每个人的主观感受和需要都不同，不论你怎样做，都会有人不满意！想要结果面面俱到，十全十美，反而会把自己累死。因为你总是怕对方不满意，总是小心翼翼，到最后还是有人不满意。

　　所以说，做人做事要把握一定的"度"才行。做你该做的！也就是说，你认为对的，你就不受动摇地去做，可以参考别人意见，而不是看别人的脸色。这么做有时的确会让一些人不高兴，但如果你不受动摇，就可赢得这些人事后的尊敬，毕竟人还是要服从公理的，除非你的坚持纯是为了私心！在人们的周围，你会发现一些人，他们很精明能干，才智过人，很活泼，家庭环境也很不错，而且又非常勤奋，一工作起来常常废寝忘食。但是，他们就是弄不出什么成果出来，眼看着比他们在各方面条件都差一些的人成果都十分明显了，而他们却依然默默无闻。

寻找这类人之所以迟迟不能成功的原因，可能不是一件容易的事情，因为他们的才华虽然说不上盖世，但比起其他的常人却超出了一截，他们的脑筋也很灵光，工作也够勤奋。如果真是这样的话，他有可能是想做一个面面俱到的完美的人。你可能要说："面面俱到"不好么？回答是：当然不好。如前所说，这些人之所以不见成效，成绩平平，不能取得人生的成功，不是他们缺少能力的问题，而是他们在做任何事情之前，都不能克服自己追求完美的痴情与冲动。他们想把事情做到十全十美，这当然是值得表扬的，但他们在做一件事情之前，总是想使客观条件和自己的能力也达到尽善尽美的完美程度然后才去做。所以，这些人的人生始终处于一种等待的状态之中。

他们没有做成一件事情，不是他们不想去做，而是他们一直等待所有的条件成熟，因而没有做，他们就在等待完美中度过了自己不够完美的人生。

第八章　提高思维能力

　　什么能力都有可能通过有效的方法来提高，思维能力也不例外，我们要想方设法去提高我们的思维能力。

1. 有形和无形：柔性思维修炼

　　有形是指相对肉眼看得见的、外部的、表层的、直接的、眼前的、形象的、物质的……

　　无形是指相对肉眼看不见的、内部的、深层的、间接的、长远的、抽象的、精神的……

　　事物的有形部分是有限的，事物的无形部分是无限的。

　　在有形的世界背后，存在着一个更为丰富的无形世界。

　　无形的比有形的更重要。

　　赢者务虚。

　　"这有一瓶矿泉水，请大家观察这瓶矿泉水，告诉我都看到了些什么？"思维教练指着教桌上的一瓶矿泉水问道。

　　课堂里坐着一群学员，其中有成人，也有孩子。许多人刚开始置身于这样一个年龄参差不齐的奇怪学习环境里都觉得很不适应，但不久他们就调整自己的状态，以一种柔性的方式去适应不同思维层次之间的交流。"有水，有瓶盖，有瓶子、瓶子上还有字。"一个圆脸小姑娘抢先回答。

"回答的很好，不过请大家继续观察，除了这些我们肉眼能看到的有形部分，这瓶矿泉水还有哪些是我们肉眼看不到，但客观存在的无形部分？"思维教练继续问道。

这时候，课堂陷入了沉思。见大家都在开动脑筋想，思维教练便启发说道："我提示一下，现在这瓶矿泉水的重量、价格、生产过程都是我们用肉眼看不见的，但它们又都确实客观存在，是可以凭借我们的大脑思维想象到的。我请大家不要用你的肉眼去观察这瓶矿泉水，而是要用你的思维去观察它。"

"这瓶矿泉水的品牌算吗？"有一位中年男子犹疑地问道。

"这算一个。"思维教练笑道。

"这瓶矿泉水的水分子算吗？"另一个成人问道。"这个答案也算，也不算。"见大家疑惑不解，思维教练解释道："水分子虽然肉眼看不见，但是毕竟是物质的基本构成，如果现在我们借助某种工具还是能够看的得到。也就是说在宏观层次上，我们看不到水分子，但在微观层次上我们还是能够看到。"

"水的味道我们看不见。"一个戴眼镜的小男孩大声说。

"很好，还有没有其他答案。"思维教练鼓励道。

"这瓶水的温度我们看不到……"

"这瓶水是谁生产的我们看不到……"

"这瓶水是谁买的我们看不到……"

"这瓶水的营销渠道我们看不到……"

"这瓶水的价值我们看不到……"

"这瓶水的用途我们看不到……""很好，大家回答的都不错。"见众人七嘴八舌发言，思维教练很满意，"为了让大家能更清晰地区分事物的有形和无形，在这里我们有必要界定一下有形和无形的划分标准。在本课中所谓有形是指肉眼看得见的、外部的、形象的、表层的、直接的、眼前的、物质的等等，所谓无形是指肉眼看不见的、内部的、抽象的、深层的、间接的、长远的、精神的等等。"

"认识有形和无形对实际生活和工作有什么用呢？"一位在外企工作的白领女士问道。

"这个问题提得好，理解有形和无形这两个概念是柔性思维学习的第一步，下面我们马上就要涉及它们的应用。"思维教练说道。

"当人们在思考问题时，通常都会受到视觉的制约，思考的内容主要源于肉眼的观察，这种所见即所思的思维习惯无疑是简单的、低级的。随着年龄不断增长，我们所学到的知识越来越趋于抽象；随着工作不断复杂，人们在工作中所涉及的问题也越来越趋于务虚，这都要求我们学会用无形的思维视角去观察事物而不是仅仅用肉眼去观察事物。""爱因斯坦有句名言：你能不能观察到眼前的现象，不仅仅取决于你的肉眼，还要取决于你用什么样的思维，思维决定你到底能观察到什么。这句话并不是唯心论。对于低级的思维活动，视觉起着决定性作用，基本是所见即所思，在这一点上人与其他动物相比没有多大区别。在高级思维活动中，视觉的感官作用被大大降低，复杂的思维活动主要是由大脑独立完成，需要什么信息，从哪个角度观察现象，以何种模式处理都是由大脑决定的，视觉器官只起执行作用。认清这个世界是由有形和无形两部分构成的，有助于我们在观察事物时有意识地去关注那些肉眼看不见的、抽象的、深层的、间接的、长远的、精神的方面，通过这种方式来扩大我们的思维视野。许多人常常感觉自己思路狭隘，不够开阔，这主要是因为他们观察事物和分析问题的角度都局限在于有形的世界，而不知道在有形世界的背后还有一个无限广阔的无形世界。"听到这里，许多人都若有所思地点了点头。

"刚才大家在观察瓶矿泉水时，对于它的有形部分一目了然，但是在对它的无形部分进行列举时却无穷无尽，这就说明有形的是有限的，无形的才是无限的。这是我们这堂课应当掌握的第一个思维法则。"思维教练总结道。

"教练，有形和无形与我们的学习有什么关系？这条思维法则能帮助我解数学题还是写作文呢？"一位中学生问道。

在座的学生听到这个问题也都聚集起精神注意听，对于他们来说提高学习成绩比什么都重要，考试又不考思维，他们实在看不出来学习这个"有形"和"无形"究竟对学习有什么好处。思维教练对他笑了笑，缓缓地说道："学习有形与无形当然可以帮助你解数学题或写作文了，比如，解题时，通过引入未知数 X、Y 可以迅速简化数学题的复杂程度。写作文时，通过对心理感悟的描写可以丰富作文内涵，这些都是把"无形"转化为"有形"在学习中的应用。不过这都是一些初级应用，刚才我们讲的那条思维法则还有更高级的应用。"

大家聚精会神地听讲，思维教练接着问这个学生："你能把一道数学题分解为有形和无形两个部分吗？"

这位中学生想了一下，皱着眉摇了摇头，他实在想不出怎样才能把一道数学题分解为有形和无形的两部分。

思维教练把目光投向了在座的一位女大学生，问道："赵纤，你说说看，我记得你学的专业好像是数学吧？"

赵纤是一位师范院校的学生，利用暑假时间来学习思维课程，希望能把一些好的思维方法应用到将来的教学当中。

赵纤想了想答道："我们可以把一道数学题的已知条件视为有形的部分，把未知条件视为无形的部分。"

"还有呢？"思维教练并不满足这样一个简单的答复，继续追问道。

"还可以把这道题视为有形部分，把这道题的解题思路视为无形部分。"

"回答的不错，有形的题目只有一个，而无形的解题思路却有许多。如果我们能够真正领悟到这一点，那么在学习中就应当把学习重点放在研究无形的解题思路上，而不是有形的题目上，只有这样才能够真正提高自己的学习能力。"见大家还是有些不明白，思维教练便讲了一个故事："在古时候，有两个年轻人拜一位名厨做师傅，在学艺的时，一位徒弟学会了做一百道菜，另一位徒弟学会了把一道菜做出一百种花样，请问那位徒弟的厨艺更高超？"

大家听到这里，恍然大悟，异口同声地笑道："当然是那位能把一道菜做出一百种花样的徒弟技艺更高了。"

"同样的道理，我们在学习中去做一百道数学题重要，还是去研究一百种解题方法更重要呢？显然，如果我们在学习中不是只把眼睛盯在有形部分，而是打开思维的视野把学习重点放在研究无形部分，花更多的时间去研究解题思路和写作思路，那么我们的解题水平和写作水平自然会越来越高。否则，我们的学习就会浮于的表层，没有一个深度的提升。其实，这种'赢者务虚'的现象在工作中也随处可见，不管是什么行业，凡是被称为专家或精英的人才总是无形的领域比平常人钻研得更深一些，具有更多的优势积累。这就是'有形的是有限的，无形的才是无限的'这条思维法则的高级应用。""可我们怎么样才能在无形的领域比别人钻研得更深一些，具有更多的优势积累呢？"那位中学生还是有些迷茫地问道。

"要做到这一点，首先你应当学会划分什么是有形，什么是无形。只有当你对无形的世界有了深刻的了解之后，然后才能知道如何在无形的领域积累你的优势。"

"我们的学习螺旋上升了一圈，似乎又回到了它起点。"思维教练狡黠地笑道。

2. 激发思维潜能

手抓石头，能抓多牢就抓多牢，但紧紧地抓牢，只是为了将石头掷得更远些。石头落在哪里，路也就伸到哪里。

积极的心态——潜能永恒的开拓者

有人能发挥潜能，能成功，是因为他能始终保持积极的心态，这就是成败的差异。人生是好是坏，不由命运来决定，而是由心态来决定，我们可以用积极心态看事情，也可以用消极心态。但积极的心态激发潜能，消极的心态抑制潜能。

人生成败关键在于心态——积极心态激发潜能，消极心态限制人的潜能，改变生理状态的方式有许多种，使自己觉得愉快的方法：有积极愉快的心情，不要假装，不要表里不一，控制自我的意念。

认识自我——潜能开发的源泉

各种看法中，最重要的一项是你对自己的看法。你整天所谈的事中，最具意义的也就是你对自己所说的话。我们每个人的潜能都无穷无尽的，然而能发挥多少，全看我们如何认识自我，战胜自我。

强化优点，减弱缺点天生我材必有用：找到自我；小处着眼；冲刺的决心；约束自己，改正缺点；进行正确的自我评估，有自知之明，承认自己的缺点，反而赢得好感自我认定——主宰人生的工具，人生随着自我认定的改变而改变。

重新改造你自己，自我突破，自我挑战，毅力可以克服阻碍。

信念——潜能的正负催化剂

人生到底是喜剧收场，还是悲剧落幕，是曲折多变的，还是无声无息的，全在于人们所持有的信念。信念可以使人前一刻得病，而后一刻不药而愈；信念不仅能促使我们采取行动，相反也会削弱我们行动的念头。信念可以开发潜能，也可以毁灭潜能。信念能开启卓越之门，信念为励志之本，信念可以开发潜能，也可以毁灭潜能，信念来源于环境，信念来源于偶发事件，信念来源于知识，信念来源于过去的成功经验，信念来源于内心的经验，信念是对于某件事有把握的一种感觉，信念能将美梦付诸行动，信念强烈能使人有所成就，痛苦是改变信念最有效的工具，效法人生赢家的信念，信心——潜能的高效催化剂，心存疑惑，就会失败；相信胜利，必定成功。相信自己能移山的人，会成就事业；认为自己无能的人，一辈子一事无成。

信心能产生奇迹，希望和信心同样重要，自卑——信心的绊脚石，创造信心的气氛，算算你的得意事，保持本色，发挥记忆的威力，克服对别人的畏惧，利用穿着建立自信，行为端正才有自信。

3. 推开推理之门

推理是由一个或几个已知的判断（前提），推导出一个未知的结论的思维过程。其作用是从已知的知识得到未知的知识，特别是可以得到不可能通过感觉经验掌握的未知知识。推理主要有演绎推理和归纳推理。演绎推理是从一般规律出发，运用逻辑证明或数学运算，得出特殊事实应遵循的规律，即从一般到特殊。演绎推理如：凡阔叶植物都是落叶的，凡葡萄树都是阔叶植物，所以，凡葡萄树都是落叶的。

　　演绎推理的特点在于如果前提都真，则结论必然真。演绎推理常常简称为推理，其前提与结论之间的联系反映了事物情况之间的必然联系。归纳推理，这是包含在归纳方法中的某些推理。如：有人曾根据地球与火星都是太阳系的一个行星，都有大气层，都是温度适中，都有水分，而地球上有高等动物存在，便推出火星上也有高等动物存在。归纳推理的前提都真，结论也只有一定概率的真。只要学会运用逻辑推理方法，对于你在生活、工作的各个方面都有极大的帮助作用。看过《名侦探柯南》的人们不难看出，具有强烈发现问题的意识，掌握一定的思考方法和原则，勤于用脑、灵活用脑、人人都能成为赢家。

　　柯南·道尔的《福尔摩斯探案》一书，因其情节跌宕起伏，结构严谨缜密，人物形象鲜明，推理逻辑性强，故事发展既在情理之中，又往往出人意料，所以引人入胜，深受读者喜爱。人们在佩服之余不禁要问："福尔摩斯能出奇制胜、屡见成效的秘诀，是什么？这秘诀就是运用了"回溯分析"。福尔摩斯说："有少数的人，如果你把结果告诉他们，他们就会通过内在的意识推断出之所以产生这种结果的各个步骤是什么，这就是在我说到'回溯分析'时我所指的那种能力。"他还说："凡是异乎寻常的事物，一般不是什么阻碍，反而是一种线索。在解决这类问题时，最主要的是能够运用推理方法，一层层地回溯分析。

　　这是一种很有用的本领。"这就像从一滴水中推测天堂一样。在中国古代，有一个人叫庄幻，他家境贫困，以做点儿小买卖维持生计。一天，庄幻拾到一个鸡蛋，高兴地跑回家，告诉妻子说："我有家当了。"妻子停下手中的针线活就问："你有什么家当？"庄幻拿出那个鸡蛋说："就是这个，只要有10年功夫，家当就有了。"他接着解释说："我拿这个鸡蛋借邻居家的母鸡孵出小鸡，鸡再生蛋，蛋再孵鸡，这样再过两三年，我们可得到一笔大钱，这样就有一份像样的家当了。"庄幻越说越得意，他的妻子越听也越高兴。于是，庄幻盘算着发财以后的事情：我要置地，要盖房子，还要再娶个小老婆，给我生许多孩子……他的妻子一听勃然大怒，上去一拳头把那个鸡蛋打碎了。逻辑思维是基于现实基础上对事物的理解与判断。

　　一开始庄幻对这一个鸡蛋的家当的设想是正当、合理的，是很现实的。但如果这一思维方式偏离了正常的轨道，脱离了现实的需要与发展方向，其结果必然和那个鸡蛋的命运一样，成为镜中月，水中花。逻辑思维要经过一番探根求源的科学论证，而不是简单的判断，如民间说的眼皮跳，祸事到，就不是正确的思维方式。逻辑思维要求人们以科学的态度和知识经验来得出结论。有一次北宋著名科学家沈括在太行山麓行走，发现周围悬崖上到处有贝壳、海螺等水生动物的遗骸。他想，这里明明是山区，怎么会残留着水生动物的躯壳呢？经过反复地实地考证，他大胆提出了太行山在古代曾经是海底的观点。这正是基于他推理分析与判断得出的结果。

4. 把世界理出一个程序来

　　当我们每个人刚来到这个世界时，我们眼中的世界还是一片混乱，我们的成长过程实际上是在做这样的一个工作：

把那些从感官得来的缺乏意义的、杂乱无章的印象在人脑中进行分类、整理、集合，使之成为外部世界的有条有理的再现表象。而帮助每个个体在自己的心中把现实世界整理出一个头绪来是各种形式的思维活动的结果。事情的发生总有前因后果，理清思路做好计划，有条不紊地掌控一切是一种理智的享受。

在古代印度，有一位年轻人丢失了一头骆驼，他焦急地四处寻找。在路上他看见一位老人在前面，于是就上前问："老人家，你有没有见到一只骆驼呢？"老人不慌不忙地说："你的骆驼是不是左脚跛右眼瞎，左边驮着蜜，右边驮着米；缺了一颗牙齿。"年轻人兴奋地说："那正是我的骆驼，它在哪儿，请你赶紧告诉我好吗？"老人说："我现在也不知道它在哪儿。"年轻人显得很生气，还怀疑一定是老人偷了他的骆驼。要不，他怎么会这么清楚自己骆驼的特征呢？老人解释说："刚才我在路上走着，看见骆驼的足迹右边深，左边浅，我就断定它的左脚是跛的；又看见路左边的草被吃了不少，而右边的草一点没动，就知道它的右眼是瞎的；我还看见路上有苍蝇在吃蜜，蚂蚁在运米，我想骆驼驮的肯定是米和蜜；我看见骆驼吃过的树叶上留着牙齿的痕迹，就知道它缺了一颗牙齿。至于你的骆驼到底在哪里，你应顺着它的足迹找去，说不定可以找到。"年轻人听后，就依照老人的指点，果然找到了自己的骆驼。这是一个经典的故事。这个故事可以引发人们的很多思考，老人虽然未曾见到过这头骆驼，但它却从骆驼留下的蛛丝马迹中了解到了它的行踪，只要顺藤摸瓜，年轻人就能找到丢失的骆驼。所以说，连贯而富于逻辑性的思维方式是人们解决问题的关键。

一位企业家曾谈起了他遇到的两种人：有一种性急的人，不论你在什么时候遇见他，他都表现得热火朝天的样子。如果要同他谈话，也不过是几秒钟而已，要是时间稍长一点，他就会伸手把表看了再看，暗示着他的时间很宝贵。究其原因，主要是他在工作安排上七颠八倒，毫无秩序。他们做起事情来，也常为杂乱的东西所烦躁。结果，他们的事务是一团糟，办公桌更是杂乱。他们非常忙碌，从来没有时向来整理自己的东西，即便有时间，他也不知道怎样去整理、安放。另外一种人，与上述那个人恰恰相反。他们从来就是一幅从容深沉的样子，办事非常谨慎，总是很沉着冷静。别人不论遇到什么大事与他们商谈，他们总是彬彬有礼。在他们的公司里，所有员工都寂静无声地埋头苦干，办公室的物品都安放得整整齐齐，各种事务也安排得有条不紊。他每晚都要整理自己的办公桌，对于重要的信件立即就回复，并且把信件整理得井井有条。他们做起事来有条有理，他们那富有条理、讲求秩序的作风，深深影响到全公司的每一位员工。处理事务有条有理，讲究方法和程序，这样你就成功了一半，不会扰乱自己的神志，办事效率也会大大地提高。而且有条理、有秩序的人即使没有非凡的才智往往也能有相当大的成就。

5. 经营有度的人生节奏

人生饱含节奏：张弛有度，人与人、人与事物或事物与事物之间存在着一种相互平衡的关系，有"度"的节奏让生命平衡。生活节奏是一个人能否取得成就的重要因素。

人生是一种自我经营过程，要经营就要把握好人生的取舍之道，形象地说，人生是离不开加减乘除的。人生需要用加法。人生在世，总是要追求一些东西，追求是一个人的精神归宿，追求什么是一个人的最大自由，所谓人各有志，只要不做伤天害理的事情，手段正当，不损害他人利益，符合道德伦理，追求任何东西都是正当合法的。

比如，有的人勤奋工作，奋力拼搏为的是升职；有的人风里来雨里去，吃尽苦头，为的是增加手中的财富；有的人废寝忘食、发奋读书是为了增加知识；有的人刻苦研究艺术，为的是增加自己的文化品位；有的人全身心投入到社会实践中，为的是增加才能；有的人……人生的加法，使人生更富有、更丰富多彩。一个进步的社会应该鼓励个人用自己的双手，增加自己的人生价值和精神内涵，使人生物质世界和精神世界都更加富有和充实。加法人生的原则是提倡公平竞争，不论在物质财富上还是在精神财富上胜出者，都应给予鼓励。加法人生是一种积极的人生。

然而事实上，每个人的内心世界或多或少地都有一些不平衡心理。某人赚了钱，某人升了官，某人买了车，某人买了别墅……我本来比他们强，可我却不如他们风光体面！对比产生了心理不平衡，而这种心理不平衡又驱使着人们去追求一种新的平衡。倘若在追求新的平衡中。你能不昧良知、不损害别人，自觉接受道德的约束和限制，通过正当的努力、奋斗去实现人生的自我价值，达到一种新的平衡，倒也是值得称道和庆幸的；倘若在追求新的平衡中，不择手段，毫无廉耻，丧失道义，膨胀自私贪欲之心，让身心处于一种失控的状态中，那么就必然会产生一些意想不到的可怕后果。如此一来，这样的积极因素却导致了消极后果。人生需要用减法。人生是对立统一体。

哲人说人生如车，其载重量有限，超负荷运行促使人生走向其反面。人的生命有限，而欲望无限。我们要学会辩证看待人生，看待得失，用减法减去人生过重的负担。否则，负担太重，人生不堪重负，结果往往事与愿违。人生应有所为，有所不为。这里揭示了一个人生原则：不会"舍"就不善于"取"；无所不为，反而可能无所作为。

生活有追求也应有放弃。对普通人来说，因为利益所在，下决心放弃也是一种困难；事业刚开个头就要放弃，实在于心不甘，许多人为这种不愿割舍的情感付出了沉重的代价。做人应当见机行事，当舍则舍。如果既固执又盲进，必然会一败涂地，留下遗憾。华盛顿是美国的开国之父，他在第二届总统任期届满时，全国"劝进"之声四起，但他以无比坚强的意志坚持卸任，完成了人生的一次具有重要意义的减法，至今美国人民仍自豪于华盛顿为美国建立的制度。他们的人生哲学值得我们去回味和思考。

人生需要用乘法。人生的成功与否，与个人努力有关，更与机遇有关。哲人说，人生的道路尽管很漫长，但要紧处就那么几步。对于人生而言，奋斗固然重要，但能否抓住机遇也是十分关键的。在人生的关键时刻，一次努力能抵得上平时几次、几十次的努力，一年的奋争能抵得上几年甚至十几年的、几十年的奋争。从这一意义上讲，在关键时刻把握住人生就实现了人生的乘法。

人生需要除法。有人曾写下一个著名的幸福公式：幸福程度＝目标实现值÷目标期望值。也就是说，在目标实现值固定的前提下，目标期望值越高，幸福程度越低，而期望值越低，幸福程度越高。我们平时所说的知足者常乐也包含这种意思。但是，人生不能寄期望值过高，心太高，到不了。"目的明确，就是因为人们过分求胜之心而致使双脚失去了平衡，而把事情搞糟了。心态太低，远处的胜景便不幸为荒草杂树所遮蔽；平庸的眼，注定无福饱览那绝世的秀色。而太在乎了，太看重了，其结果，则恐惧蛀蚀了勇敢，失败吞噬了成功。不切身切己的目标那是十分有害的，这样容易造成人生的目标期望值和实理值反差太大，使人产生失败感、自卑感、失落感，步入自寻烦恼和自己较劲的怪圈。

6. 简单生活是快乐的源泉

人生是戏剧的：诙谐地看待身边发生的事，那是一种自我调节。人生理应充满对比：偶尔放纵心中的伤感、悲痛与忧郁，才能让我们开心时感到加倍的快乐。要知道，简单的生活就是一种美，简单使人轻松自如，使人快乐。

就是尘世生活中为许多人所追求的舒适的物质享受、为人欣羡的社会地位、显赫的名声等等。现代人追求"时髦"、"新潮"、"时尚"、"流行"，像被鞭子抽打的陀螺一样忙碌——或拼命打工，或投机钻营，应酬、奔波、操心……很难再有轻松地躺在家中床上读书睡时间，也很难再与三五朋友坐一起"侃大山"的闲暇。你会忙得忽略了自己的孩子的生日，你会忙得没有时间陪父母叙叙家常……

菲律宾商报登过一篇署名陈美玲的文章。作者感慨她的一位病逝的朋友一生为物所役，终日忙于工作、应酬。竟连孩子念几年级都不知道留下了最大的遗憾，作者写道，这位朋友为了积累更多的财富，享受更高品质的生活，他终于将健康与亲情都赔了进去。那栋尚在交付贷款的上千万元的豪宅，曾经是他最得意的成就之一，然而豪宅的气派尚未感受到，他却离开了人间。

作者问："这样汲汲营营追求身外物的人生，到底生命感知何在，意义何在？这位朋友显然也是属"世味浓"的一族，如果他能把"世味"看淡一些，像陈美玲那样"住在恰到好处的房子里，没有一身沉重的经济负担，双休日不值班的时候，还可以一家大小外出旅游，赏花品草"……这岂不是惬意的生活？陈美玲写道："生活简单，没有负担，这是一句电视广告词，但用在人的一生当中却再贴切不过了。

与其困在财富、地位与成就的迷惘里，还不如过着简单的生活，舒展身心，享受用金钱也买不到的满足和快乐。"人活一辈子，最重要的是做一些有意义的事，才无愧于自己美好的生命。真的，不要把时间耗在争名夺利上，不要总把"就争这口气"挂在嘴边。

真正有水平的人会把这口气咽下去，因为气都是争来的，你不争就没气，只有没气你才会做好事情，也只有没气你才会健康地活着，爱生气的人很难不生病。人，为什么只有虚弱的时候（譬如婴儿、老人、病人）才会珍惜生命，才懂得爱与被爱呢？命运竟是如此残酷：我们自作聪明，自欺欺人，而上苍冷眼旁观，暗自发笑。人活一辈子，有人的地方，就有江湖。而"人在江湖漂，谁能不挨刀？"你匍匐前进，你冲锋陷阵；你和别人争名利、论是非；你和别人斗心眼、生真气；你和别人抢位子、夺情感……你忙着斗天、斗地、斗人，精心计算，日夜辗转。你从没想过自己快不快乐，你不知道自己到底需要什么，你甚至意识不到，无论胜与负，代价都过于惨重。如果你以为这就是人生成功所必须支付的成本，那只证明你最不会活。

人活一辈子，仔细想想，或许只有婴儿和老人活得最真实。或："简单生活，并不是要你放弃追求，放弃劳作，而是说要抓住生活、工作中的本质及重心，以一两拨千斤的方式，去掉世俗浮华的琐事。卡尔逊说："简单生活不是自甘贫贱。你可以开一部昂贵的车子，但仍然可以使生活简化。一个基本的概念在于你想要改进你的生活品质而已。关键是诚实地面对自己，想想生命中对自己真正重要的是什么？

7. 生活中应有的"距离效果"

这种距离效果，是由空间距离形成的。

从美学上看，它更有一种因心理距离产生的美感效应。戏曲表演中有一句行话："入乎角色之中，出乎角色之外"。"入乎角色之中"，就是说，演员要深入体验角色的情感，使自己生活在角色之中；"出乎角色之外"就是说，演员毕竟不是角色，要与角色有一定距离。没有对角色的体验，演不像；不与角色保持距离，演不美。乍看起来，似乎演员只有与角色"合于一"，才是最好的表演，实际上，倘若真的"合于一"了，没有一点"距离"，反而难有好的表演了。在现实生活中，人与人相处，即使是最亲近的人，也不可避免地存在这样或那样的矛盾，从而也就不可能"亲密无间"，而是亲密"有间"。只有"有间"了，拉开一定距离看对方，才能正确认识对方，才能正确把握自己，才能有利于相互间真正的取长补短。

俗话说"小别胜新婚"。夫妻俩出现矛盾或感情淡化时，不妨小别一段时间，拉开双方的空间，过一段时间后再聚到一起，常常会取得意想不到的效果。可见"零距离"之说，既不很现实，也不利于人们人际关系的和睦相处。职业指导师在指导应聘上岗者怎样取得老板信任时，道出了一个秘诀：要想获取老板的长期信任，就不要与老板私人关系过于亲密，与老板要保持适当的距离。这句话真是为人处世一个良方，在与人交往之时，完全信任和完全理解都是不可能的，人的心理总会不知不觉地设置一些心理防线，以此来防护人的身心。至于对一些并不了解的人或道德欠缺的人，为了免于受骗上当，更是要有意识地保持一点心理距离。如此说来，是不是距离越远越好呢？空间越大越好呢？那也不是。

按照心理学家的说法，距离太近让人憋闷和乏味，所有罪恶都是对距离的侵犯，在太近的距离之中，人没有自由呼吸的空间和唯美感应，而且个人的尊严和隐私得不到保障；距离太远让你承受不了，所有的抛弃都是对距离的放大，一旦两人互不往来，感情自然会生疏，也就是说，每个人都只能承受一定距离的距离。要知道，距离也存在两面性，给你安全和自由的是距离。给你烦恼和忧愁的也是距离。人们所要努力做到的，就是要在人际交往中，维持一种不远不近、不长不短、恰到好处的黄金距离。它既可避免因距离过近而带来的相互挤攘和压力，又可以防止因距离过远而淡化相互之间的友情。这种黄金距离以多长为宜？这要因人而异。

一般来说，关系亲密的，相互了解的，善良正直的，距离宜小；反之，距离则宜大。

8. 建立多层次的关系网

时代不断向前发展，科技不断向前进步。人与人之间的关系，事与事之间的关系，彼此变得越来越复杂。现代社会是找向性的网状结构，不是简单的几条线路所能架设人的生存空间的。成功的人更应该善于建立多层次的关系网。并且充分利用它。

《西游记》中孙悟空的飞黄腾达，与他精心编织的关系网离不开。纵观孙悟空的关系网，大略可分为三个层次，这三个层次并非是完全割裂，而是错综复杂，相互交错的。孙悟空的出生，虽然是采日月之精华，集天地之灵秀，但作为一个无父无母、无依无靠的孤儿，他的出身是可怜的。孙悟空清醒地看到了自身的劣势，出道不久就直奔花果山而去，此山有众多他的同类，外貌长相与生活习性上自然和他一致，极易博得大家的认同感和归属感。

果然，他被晋升为美猴王，这是他关系网的创建时期，即第一个层次。这个层次的关系网完全依靠同类亲情来支撑，对其后来的飞黄腾达所起的作用并不大。孙悟空作为一个嗅觉敏锐的政治家，他懂得知识就是力量，于是，努力学习了七十二变、筋斗云等实用技术。

靠自己精心学来的技艺去敲打和侵犯鬼、魔、神诸界，结识各界权贵，从而得以编织第二层关系网。这个层次的关系网大多是慑于孙悟空的淫威，在其金箍棒下强行编织的。孙悟空大闹天空，玉帝大怒，如来佛祖这才答应出来收复他，将他压在五指山下，剥夺政治生命500年，在这受尽磨难的500年之中，聪明的悟空从此学会了看人下菜，夹着尾巴做猴。这件让他一生受尽折磨的事件，使他领略了编织第三层关系网的奥妙。这层关系网主要是由强大的如来、观音，甚至包括他的师傅唐僧构成。

孙悟空的关系网，告诉了人们一个道理，即没有关系也可以去创造关系，不同的关系网要通过不同的方式缔结。一个人想要建立多层次的关系网，就要认识尽可能多的人，并让别人认识自己。没有一个成功人士是坐在家里一个人打拼出一番事业的。生活中的每一次重大变化都会涉及其他人。人的生活方向经常会因为别人的一个评语、一个建议、一个行动而改变。人际关系越好，认识的人越多，机会也就越多。

让我们再来领略一下比尔·盖茨的人际关系法则。第一，利用亲人的一层关系。他20岁时能够签到第一份合约，这份合约是跟当时全世界第一强电脑企业——IBM签约。那时，他还是在校大学生，怎么可能钓到这么大的"鲸鱼"？或许很多人不知道。原来，比尔·盖茨之所以顺利地签到这份合约，这中间有一个中介人——比尔·盖茨的母亲。比尔·盖茨的母亲是IBM的董事会董事，妈妈介绍儿子认识董事长，这事情很平常。如果比尔·盖茨当初没有签到IBM这个订单，相信他在生意上不可能取得如此辉煌的成就。第二，利用合伙人的一层关系。大家都知道比尔·盖茨最重要的合伙人——保罗·艾伦及史蒂芬，他们不仅为微软贡献他们的聪明才智，也贡献他们的人脉资源。

第三，发展国外的一层关系。比尔·盖茨有一个非常要好的日本朋友叫彦西，他为比尔·盖茨讲解了许多日本市场的特点，为比尔·盖茨找到了第一个日本个人电脑项目，以此来开辟日本市场。第四，发展事业中员工的一层关系。比尔·盖茨说："在我的事业中，我不得不说我最好的经营决策是必须挑选人才，拥有一个完全信任的人，一个可以委以重任的人，一个为你分担忧愁的人。"

人是社会的主宰者，是事情的掌握者，要知道"赚到了人"就是为将来自己社会的身份和地位赚来了办事的门路，赚到人缘，赚到了关系。那么，如何巧结善缘，如何利用人缘，如何将人缘作为一生享用不尽的资源，这是成功人生的一门大学问、大智慧。

9. 登上巨人的肩膀

"站在巨人肩上"，对于我们来说也是人生中一个强大的支撑点。因为站在巨人肩上，我们会看得更远，走得更远。牛顿是人类历史上影响最大的科学家之一。牛顿去世后，有人写诗赞美他：宇宙和自然的规律隐藏在黑夜里，神说：让牛顿降生吧！于是一切都成了光明。

然而在 1676 年，牛顿给朋友的一封信中却写道："如果我比别人看得远些，那是因为我站在巨人的肩上。"据说他还讲过："我不知道世人对我怎么看，但在我自己看来，我就好像只是一个在海滨嬉戏的孩子，不时地为比别人找到一块更光滑的卵石或一只更美丽的贝壳而感到高兴，而我面前的浩瀚的真理海洋，却还完全是个谜。"或许，有很多人认为这些话不过是牛顿的自谦之辞，其实不然，正是因为牛顿学习了许多前人的知识，在前人的基础上进行研究，才能够在自然科学领域里做出奠基性的贡献，成为一代科学巨匠。牛顿用他的成功诠释了这样一个道理：只有站在巨人的肩上，才可能成为巨人。

达尔文创立进化论，不仅阅读了前人的大量著作，而且认真阅读了同代人赖尔的著作《地质学原理》，并从中受到很大的启发。当他的《考察日记》再版时，达尔文特意在书的扉页上写上了献词："这本日记以及作者的其他著述如有任何科学价值，那么这主要是由于读了那本著名的、可钦佩的《地质学原理》得来的。"表达他对赖尔的真诚谢忱。事实上，人自呱呱坠地就开始接受他人或前人的劳动成果。真正的智者，并不见得就比别人聪明得多，能干得多。他们之所以能够成为智了者，很大程度上在于他们会用巧劲儿。你需借助一把梯子，然后顺着梯子拾级而上，登上巨人的肩头，到那时，你的眼界绝对比巨人看得更辽阔。

李政道是享誉世界的物理学家，一次，他听完演讲后，知道非线性方程有一种叫苏子的解。他为弄明白这个问题，找来了几乎所有关于苏子理论的资料，然后他以此关起门来，潜心研究了一个多星期，分析出别人在这方面研究中存在的缺陷和弱点。后来他惊喜地发现，所有的解都只是研究一维空间中的落点，这是一个不小的缺陷和漏洞。而在他所精通的物理学中，意义更广泛的是三维空间。

对此，他又经过深入细致地研究，提出了一种新的冰子理论。并用这套理论处理三维空间的某些亚原子过程，终于取得了伟大的业绩。

李政道教授感慨万分地说："你们想在研究工作中赶上、超过人家吗？你一定要摸清在别人的工作里。哪些地方是他们的缺陷。看好准了这一点，钻下去，一旦有所突破。你就能超过人家，绝到前头去了。

因为，站在巨人肩上生活和工作，我们就与成功近在咫尺，能够取得事业上的巨大进步。我们的先人创造了灿若群星的奇迹，留下了优良的精神文化产物，对我们的学习、生活乃至工作都是一笔受用无穷的财富。

10. 寻找生命中的贵人

借用别人之力办事的关键是要找对人，而且得到贵人相助。大事就成了小事，难事就变为易事。贵人是人生中的恩师，人生之中，那些能够提携、帮助自己办成人生大事的人。常被称之为恩师、伯乐、贵人。对被求者而言，他们同于常人。自然也拥有常人所不及的力量，可凡人办成不一般的事情。

不论在何种行业，"马带路"向来是传统。善借贵人办事，求得贵人相助，是许多人能办成大事的成功秘诀，也是攀向事业高峰不可缺少的关键环节。有了贵人，不仅能缩短成功的时间，还能加重你的筹码。小李是中文系毕业的才子，性格热情大方，文笔非常好，毕业后在一家报社工作。工作之余，他发挥自己的爱好，时常在其他杂志报刊上发表诗歌散文，为报社争得了不少的荣誉。一晃工作三年了，报社要给工作刚满三年的年轻人评定职称，结果小李和另外两个年轻人同时入选在职称评定的范围内。

小李生性淡泊，他一寻思，另外两个人的父母不是市里的高官，就是有背景的富商，于是心中断定自己没多少希望，也就没把评定职称这回事放在心上，依然像往常一样写自己的诗歌，发表自己的文章。而另外两个年轻人多方活动，上下疏通，着实费了不少力气。

过了两个月，评选活动结束，果然另外两个年轻人获得了高度的肯定，资料被送到社长那里做最后的评定。小李看到结果，心中虽不在意，可是也禁不住感叹世道的不公正。一个星期以后，社长做出了最后的评定，结果大大出乎人们的意料，小李得到了社长的充分肯定，获得了职称的晋升。原来，社长在其他媒体上时常看到小李的作品，通过作品，看得出小李是一个工作积极、为人热心、能力突出的有为青年，于是便把职称晋升的机会给了小李。社长没有顾及另外两个人的影响，特别是没受他们父母一辈的影响，而大公无私地把晋升的机会给了小李，让原本无望的小李喜出望外，可见"贵人"的力量非常强大，它可以撇开世俗的障碍，以一种超常的力量帮助你达成你梦寐以求的心愿。如果没有社长这位贵人，小李晋升恐怕就无望了。

善借贵人办事，求得贵人相助，是许多人能办成大事的成功秘诀，也是攀向事业高峰不可缺少的关键环节。如果你自知能力缺乏，毅力有限，那就更需要贵人相助。对于一般人来说，贵人很难遇上，然而一旦遇上，就要紧紧抓住，直至帮你办完事为止，这才是求人者的智慧与高明所在。贵人，并不仅仅是指那些名门望族、皇亲国戚、权重势强的贵胄之家，那些在层级组织中职位比较高能助你晋升的人，是你经常接触到的贵人。有了贵人相助，个人的事业将大放异彩。有一份调查表明，凡是做到中、高级以上的主管，有90%的都受过栽培；至于做到总经理的，有80%遇过贵人；自当创业老板的，竟然100%都曾被不同等级、不同领域、不同身份的贵人提携与扶助。寻找能帮助你的贵人，这样的贵人隐藏在你精心打造的人脉之中。不要小觑人脉的力量，以为那没什么了不起，个人的成就都是自己的努力奋斗得来的，这样就大错特错了。综观古往今来成就大事者，没有一个不是得到了贵人的帮助。想一想如果刘邦不是得到了吕后父亲的欣赏，能有日后的大展宏图吗？

　　总之，作为个体的自我在打造人脉的时候，一定要留心可能成为贵人的那个人。他们就是你要找的"巨人"。他们的特征也许并不明显，但不要因为这样就忽视了贵人的存在。生命中会有很多贵人出现，有的能帮助你解决那个疑难，有的能帮助你化解这个困境，只有把握好了，你的事业才会有转机，有提升。

第九章　和青少年谈思维

青少年处于人生最重要的阶段，思维能力更是每个青少年必须具有的并且要不断提高的能力，本章向大家谈谈思维的力量。

1. 思想的破绽

现在来讨论另一种类型的追问，减式追问。减式追问与加式追问正好相反，减式追问的目的不是扩大思考的范围和事物，而是不断地给现有的各种看法打折扣，不断削弱我们的各种信念，不断证明我们所确实知道的事情并不像我们想象的那么多，所以说这种追问是减式的。当思想过度膨胀时，减式追问就比加式追问更为重要。在加式追问中人们常常想得太多，思想时常出界，而减式追问却有着很强的界限意识。在我们头脑中，糊涂想法总是比清楚的想法要多得多，在这个意义上，减式追问正适合用来帮助我们放弃糊涂的信念。

减式追问是抓住思想破绽的一种方法。在什么情况下，思想可能出现破绽？那就是当你说出比较重要、比较有价值的话时，要是只说完全正确的话，就只好说废话了。假设现在天正下着雨，我毅然决然地说"此时此刻天在下雨"，像这样的话当然不会有破绽，然而，这种话虽无破绽，但它所断定的事情小得不值一提，它的思想价值也就微不足道。假如我说"只要阴天就下雨"，这话就大了，大话的破绽就很多。这意味着，一种思想所授益的可能性越多，就越有可能出现破绽，但它的思想价值也就比较大。说大话虽然雷人，但容易出错，说小虽然忠厚老实，却义没意思。相比之下人们还是更爱说大话，哲学的话往往是些最大的话，因此，破绽也就特别多。

寻找思想破绽主要有两项技术。一是找出一个反例，比如说，我说"只要阴天就下雨"，你只要举出有一天是阴天但没有下雨，就足以证明我在胡说八道。举出一个反例是一项臭名昭著的技术，它虽然捍卫了思维的严格性，却破坏了思想的想象力和美感。事实上，在人文社会科学里，思想的断言并不要求在一切情况下都无懈可击，比如，我们可以说，人都追求幸福和自由。可是，如果非要抬杠的话，当然能够指出有个别人如此变态以至于并不想要幸福和自由。问题是，尽管举出反例是对的。但这决不是思想，而且对思想无益，反例很可能会误导问题。比如，当指出人都追求自由，这是为了论证一个好的制度必须保卫人的自由，很显然，制度要考虑的是"人们"的一般要求，而不需要考虑个别变态的要求，因此，滥用反例技术对于哲学是灾难性的，反例技术必须慎用。

第二项技术是找出一种思想自身所包含的不合理要求。一般来说，一种思想容易暗含两种不合理要求：

（1）主观主义特权。比如说有人认为下象棋时，第一步走当头炮就能战无不胜，这个想法在结果上虽然是可疑的，因为当头炮不一定总能赢，但是这个想法本身是可以理解的。但如果有个人要求他的车能斜着走，他的炮能跨两个棋子等等，这就是要求不合理的特权。同样，有的思想断言"认为事物是这样的"，而"事物是这样的"的证据就是"我认为"，这就是主观主义特权。

（2）破坏性的自相关。比如说，"每句话都是假话"，它就同时在说这句话本身也是假话，这样导致悖论；有趣的是，"每句话都是真话"也是自相关的，却说得通，可见说坏话比说好话要难得多。思想要说大话是可以的，但是不能搬起石头砸自己的脚，不喜欢逻辑的人可能会反对逻辑，可是反对逻辑也不得不使用逻辑。还有一些貌似"大师"的人喜欢说，任何语言都无法说出真理，那么这种说法证明了它自身不是真理，而是胡说。

2. 顺应环境才易成功

古语说："变则通，通则久。"早在 1 亿年前。地球上到处都是体积庞大的恐龙。后来，地球上发生了变故，转眼之间，恐龙就在地球上灭绝。

迄今为止，科学家们还是不能确定究竟是发生了什么样的变故，但唯一能确定的事，就是恐龙因为无法适应这种变故，而导致灭绝的下场。

"恐龙族"给了人们一个深刻的教训：顺应环境才易成功。任何一件事情，都不可能是一成不变的，总是随着时间的推移和条件的变化。需要你不断转变自己的思路。萧伯纳说："聪明的人使自己适应世界，而不明智的人只会坚持要世界适应自己。"所以你应当学会通过改变自己适应各种不同的环境，不论是处在顺境之中还是处在逆境之中，都要敢于尝试寻求突破口、乐于冒险求进取、富有弹性能变通，适当去把握事情变化的态势。孟子说："无论你拥有多少智能，你都比不上能赶上世界潮流的人。"

如果是冬天，风就会很冷；如果是夏天，风就会很热；如果是春天，风就会很温暖；如果是秋天，风就会很凉爽。一年四季的天气变化不定，风就会很温暖；如果是秋天，风就会很凉爽。一年四季的天气变化不定，风向也变化莫测。人在社会，就如同风在长空一样，要懂得随着季节的变化吹不同的风，这就需要有敏锐的洞察能力和很强的适应能力，做事情要善于内变形势。

根据达尔文自然选择学说，生物只有适应环境才能生存，也就是说，自然界中的每种生物对环境都有一定的适应性，否则早就被环境淘汰了，即能在地球上生存的生物都是普退适应环境的。

森林里，住着三只晰蝎。其中一只看到周图的环境很不好，便时另外两只晰蝎说："我们住在这里实在太不安全了，要想办法改变环境才行。"说完，这只晰蝎便开始大兴土木起来。"另一只晰蝎看了说："这样太麻烦了，环境有时不是我们能改变的，不如另外找一个地方生活。"说完，它便拎起包袱走了。第三只晰蝎，也看了看四周，问道：为什么一定要改变环境来适应我们，不改变自己来适应环境呢？"说完，它便借着阳光和阴影，慢慢改变自己的肤色。不一会儿，它渐渐在树干上沉没了。

总的来说，客观环境对一个人的成败起着至关重要的作用。客观地说，人对环境有四种根本的反应。第一是离开环境；第二是改变环境；第三是适应环境；第四是抱怨环境。前三种反应，人们或许可以从中找到新的生机，只是千万不要选择第四种反应，因为抱怨的结果只会使人精神颓废。这种人往往把失败的原因归咎于他人与环境，为失败找借口，而不是改变自己，去为成功找方法。

3. 遇事多问为什么

一位很有成就的发明家深有体会地说："发明家天生就是疑问家。遇事敢问'为什么非得是这样而不是那样'"。此话可谓是发明王国的真理之言。多问为什么可以活化人们的心智，发现世界的动力，挑起激情的杠杆。

　　书为什么一定要用纸做呢？日本索尼公司发出了"第一问"，研制发明了可提式激光书库，这就是一本无纸的书。它所用光盘的记录密度非常大，一张9厘米直径的光盘能够记录8本大辞典的内容。打针为什么一定要用针头呢？美国加利福尼亚大学的研究人员发出了"第一问"。他们用超声波代替平常所用的注射针头，使涂在人体表皮外的胶状药物从细胞的缝细渗入血管，不仅实现了无痛注射，而且皮肤细胞没有遭到破坏。

　　开刀为什么一定要用手术刀呢？人们试着发出了"第一问"。人类试着用超声波治疗肾结石患者，不用开刀，将结石用超声波粉碎，然后排出体外。利用微型内窥钳可以把直径1毫米的导管插入体内，进行组织切除、血管修复、缝合伤口、定位给药等面不用开刀。

　　自行车为什么一定要用链条呢？德国一家公司发出了"第一问"，他们利用万向轴，对一个五挡变速器做了改进，从而发明了无链条自行车。照相为什么一定要用胶卷呢？美国柯达公司发出了"第一问"，在全球最先推出了一种数字相机。以与计算机储存数据相同的方式储存影像，可直接把影像传入网络，也可用计算机把形像直接放出来或者冲洗出来。

　　"第一问"人类发明了很多东西。再如不需暗室的显影术、无土栽培技术、两年之内不用换水的养鱼法、不用洗又十分卫生的碗（这种碗用多层塑料制成，用一次剥去一层）、不用充气的轮胎、不用水冲的厕所等。

　　敢问才能敢想，敢想才能敢于，敢于才能敢为。问题是思维和创造的母亲。

　　世界著名的本田汽车公司，曾经使用过提问创造性思维法来找出问题的最终原因，从而使问题得到根本的解决。

有一天，丰田汽公司的一台生产配件的机器在生产期间突然停运了。管理者就立即把大家召集起来，进行一系列的提问来解决这个问题。

问："机器为什么不动?"

答："因为保险丝断了。"

问："为什么保险丝会断?"

答："因为超负荷而造成电流太大。"

问："为什么会超负荷?"

答："因为轴承枯涩不够润滑。"

冬："因为油泵吸不上润滑油来。"

问："为什么油泵吸不上油来?"

答："因为油泵产生了磨损。"

问："为什么油泵产生了磨损?"

孰"因为润滑油系未装过滤器而使润滑油混入尘土，在这些提问中，若当第一个为什么解决后就停止追问，认为问题已经得到解决，换上保险丝。这样，不久保险丝还会断，因为问题没有得到根本解决。

从第一个为什么到问题的解决，都是问的绝妙境界。问，看似简单，其实并不容易。好问是孩子的天性这是因为孩子们的好奇和无知。多问几个"为什么"对解决问题起着很大的作用。当然，实际问题的解决过程并不总是那么顺利，但主要的思路是这样的。

4. 重拾孩提时的好奇心

心是一个奇观，心是一绝。即便你将来会老，心却不会老。要不怎么会有那句：心有余而力不足。所以心只会成熟，但永远不会老。

好奇心便是提高人生敏锐的人生感受能力的美。不论人的年龄有多老，只要他对任何事物保持好奇心，生活就会惊奇不断。只要你保持一颗孩提时的好奇心，你就可以回到过去，回到童年的天真，回到儿时的快乐！

漫画迷都知道日本的手冢治虫，他的经典作品之一《怪医黑杰充》。内容除了其有丰富的医学背景外，在每个关于怪医黑杰充的故事里头，也流东着手冢先生对生命的感动和对人世的关注。除了《怪医黑杰克》，《原于小金刚》、《小白脚王》也是刽炙人口的精彩作品，而手冢治虫也是全世界少数具有医学博士学位的漫画家。大家一定觉得非常奇怪，到底他的创作灵感是从哪里来的呢？

手冢治虫曾说过，他的灵感的重要来自于对任何事怀有好奇心。如果缺乏好奇心，即使有再好的猎物都不会流进大脑。手鹤治虫很小时就对很多事物充满好奇，像演戏、摄影、采集昆虫、弹吉他、写小说、探访遗迹、玩无线电、看杂志、拍电影、玩田径、研究星象等。

只要是人们觉得有趣而好玩的事情，几乎都有他涉猎的足迹。

虽然他宣称自己因为没有毅力，无法在各方面玩出花样来，但是他却常有意外的收获。也正因为手冢治虫天生的一颗好奇心，对未知的事物有这种强烈的求知欲，这时他的创作有很大的带助作用，手冢治虫从小到老，都喜欢问"为什么？然后呢？"所以他的作品充满新鲜的创意外，也保有赤子之心。

大多数人在孩提时都有一颗旺盛的好奇心，那时也是认人、认事、识物长进最快的时候。因为有一颗好奇心，促使我们成长前进，所以我们走得异常的快。长大了，有所恶有所好，有所"为"，有所"不为"，渐渐地发现自己的脚步放慢了，或是知识走得更快了。我们渐渐地脱轨了。但好奇心追随我们，所恶所好"很为一谈"，所为所不为均成所为。那么最好方法就是找到"好奇心",抱着它,你会发现,行走有风,脚下如有轮,对一个问题,发散想象力,向深究,会有一大串东西跟着跑出来自投罗网。如果突然断线了,漏洞也就找到了。续上线,继续来,钓到东西越多,成就感越大,也是乐趣横生。

很多新新人类,因为喜欢看日剧、韩剧,崇拜里面的人物像明星,为了要听这些俊男美女的对话,也引发了学习日文、韩语的动机,最后也变为一个地道的日本通、韩国通。有生意头脑的人,还会利用日文的优势增进对日本的了解,做起流行资讯的生意,让自己大赚了一把。也有很多电脑游戏玩家,最后也变成精通电脑的高手。因为想把游戏玩得顺杨,就要了解电脑的配备结构,想尽办法组装电脑、修理电脑,最后就变成了这一方面的高手。想要在战略游戏中统一天下,除了熟悉电脑游戏的战术,也得兼修内政,多多研究战略思想史。一场游戏,引来一场知识的追寻,不正是好奇心的驱动吗?

找到一套适合自己的增强脑力的方法,让思维变得富有弹性,让思维更加敏捷而活跃,这对于科学地管理大脑,提高人们生存的智能,以及引发人们对这个世界的热爱,都起着不可估量的作用。只要养成习惯,就可以保持探索的感觉,好奇心和创造力密不可分,对工作的热忱,对学习的热爱,都能激起人们内在的潜能,最终竭尽全力达成目标。

5. 培养质疑的精神

第一次世界大战时法国的一些科学家十分忙碌,没有时间教育自己的孩子,心里很不放心。后来,他们想出了个办法,把孩子们聚集在一起。

集体教授，由科学家轮流给他们上课。这样，就极大地提高了教育的效率。

有一次，轮到物理学家朗之万上课。他在课上提出了一个问题：根据阿基米德定律一个物体浸在水里，将会受到一定的浮力，浮力的大小等于它所排开的水的重量，这是说，所有的物体在水中都会受到向上的浮力，都会排开一定体积的水。但是，一条小金鱼放在水里，它却并不排开水，也不会受到向上的浮力，它照样能够上浮和下沉。这是为什么呢？

孩子们都开动脑筋，有的说，金鱼的皮肤有特珠的功能；有的说，金鱼的鱼腮能够吸收水分。有的说，阿基来德定律只适用于非生物，不适用于生物，等等。

居里夫人的女儿绮安娜也在听课的孩子当中，她对同学们的回答都不太满意。她想到了问题本身，她想：问题有没有错呢？为了验证这个问题是否正确她找来了一杯水和一条金鱼。

这一来，她终于发现这问题本身有问题。

权威定势的危害性可见一斑。可在现实生活，人们的思维往往难以摆脱权威定势的束缚，有意无意地被牵着鼻子走。缺乏独立思考，不敢提出质疑。

自以为是或人云亦云是缺乏批判性的个体的两个极端，两者常常固执地把第一假设当作最后的真理，后者则轻信而无主见。真理和错误是对立的统一。没有真理就无所谓错误，没有错误也无所谓真理。所以每一个人要大胆地质疑与猜想，敢于标新立异，破旧立新。

"蔚蓝色的天空万里无云，这样的句子不知出现在多少文学读物当中，使人们误认为天空是蓝色的。其实天空是没有颜色的。阳光含有彩虹的所有色彩，它穿过大气层时，受到浮在空中的亿万颗粒的散射。蓝色光波较短，比光波较长的红色或黄色更容易散射，所以天空出现一片蓝色。有很多人以为鱼不会淹死。只要水中没有足够的氧气，鱼就难有活路。另外像是最长寿的哺乳动物、蜘蛛网很脆弱、电扇使空气变凉等常识也并不正确。还有鸳鸯，多年来人们把鸳鸯视为生死不渝的爱情的象征，实则不然，别看一双鸳鸯形影不离，但并非生死不渝，如果有一方死掉，另一方就会再寻新欢。真正对爱情生死不渝的，乃是斑头雁。它们中有一方死去，另一方就绝不再找异性伴侣，甚至连窝也不做，而是在凄惨的流浪生活中打发掉它的余年。

类似这种常识性的错误，甚至出现在某些出版物中。如一些出版的动物图鉴，里面赫然印着"狮子不能上树"的话。这大约是根据兽中之王的老虎不能上树而推出来的结论吧！殊不知，狮子不但能上树，上树的本领可与敏捷的豹子媲美。一棵大树的横七竖八的枝杈上，常常睡着好几头巨狮，尤其是非洲的狮子非常擅于爬树，因为非洲的蚊蝇来势凶猛，只有爬到树上才会避开那可怕的叮咬。

不论是迷信权威还是迷信常识，这迫使人们的思维变得懒惰而迟滞。我们的思维应该像孩子那样充满灵性，活泼跳跃，要敢于提出怀疑，不要固守经验的怪圈。尤其在当今社会，世界变化非常快，科学发展日新月异，以前有很多不可能的事情变得可能。我们不能完全依照过去的经验来判断未来。过去经验的积累影响了我们思维潜力的发挥。所以有这样一句话说，过去的经验既是我们的财富，某种程度上又是我们的包袱。还是孟子说得好"尽信书不如无书"。请记住，勇于质疑才能造就新的飞跃。

6. 摆脱从众心理

一位心理学家曾经做过这样一个实验：

　　他找出 7 名学生，让他们坐在一张桌子的前面，其中真正的被试者只有一个人，令其坐在较后的位置，其余的 6 人是陪衬者。并接受了实验人员的秘密暗示。7 名学生围坐好以后，给他们名两张图片。一张图上有一条线为标准践，另一张图中有 A，B，C 三条比较线，其中线段 C 与标准线等长。当被试者看完图片后，让他们指出哪条比较线与标准长度等长。

　　回答时，先让那 6 人事先安排好的陪衬者故做出当叶不判断，说比较线 A 或 B 与标准线相等，然后再让不了解真实情况的那个真正"被试者"判断。结果这个人也做出同样的错误判断。而单个人做这个实脸时，几乎没有一个人做出错误判断。

　　这个实验揭示了一种重要的现象——从众心理。也就是我们常说的"随大流"。它指个人在知觉、判断和思维活动中，容易受团体中其他人的影响，而屈从于他人的观点。"从众心理"是一种比较普遍的社会心理和行为现象。人们生活在某个群体中，都希望触入群体，而任何群体都有一种无形的排异力。要求个体与它保待一致。如果个体的言行偏离这种一致性，就会受到孤立。有的人由于承受不了这种孤立的寂寞，因而就出现了"随大流"的现象。一般来说，自信心较强的人，发生"从众"行为的可能性较小；缺乏自信心的人更容易产生"从众"行为"从众"心理容易抑制个性发展，束缚思维，扼杀创造力。让人变得无主见、默守成规、盲目从众、不善于独立思考，即使多数人的意见和方案存在问题，也不敢提出反对意见。

　　在我们与人打交道时，在我们为群体、为他人服务时，并不意味着你该把自己混同于别人，也没必要强求自己完全化解到人群里去，即使要体现人的共性，还仍是以你自己认为最合适的方式表达为好，这样才能把自己的其有"深刻倾向"和"强烈特性"的自我发展与社会发展成为一体，使自己成为一个健康、完整、独立的人。

"沿着你自己最深刻的倾向和最强烈的特性的路线前进，并仍然忠实于体现自己人性的可能。这是莫里斯对标新立异的注释，他认为"立异"是人与人之间的差别。他说："个人之间的差别很大，很顽强，也很重要。差异性是人的生命力的个体标识。盲目随大流已无法在当今的社会中立足。认识自己的独特性已经同每个人的生存质量紧密相连。竞争的年代，不仅是才能的竞争，更是个性的竞争。一个人如不清楚自己的独特之处，不了解自己常在的优势，就很难凭真本事去参与竞争，就很难在择优的环境中显出实力，那么他的希望就只能是梦想。要想施展自我，要想心理宁静，要想不被别人牵着走，只有认真地剖析自我，确认自我，不断地摔打自我，尽力开发出自我的价值，使自己真正成为自己。

不敢形成自己的意见、不敢形成自己的观点的人必定是一个懦夫；没有自己的观点意见的人则必定是一个懒汉；不能形成自己的观点意见的人则必定是一个笨蛋。

7. 不按常理出牌

按过去老一套办法处理问题。可谓既省力又保险；而经验无非是今日重复昨日的行为，用昨天的老办法解决今天的新问题。可是事物在发展，情况在变化，如果只按老经验办事，结果是连新问题都不能应付，更无从去谈创造性。法国昆虫学家法布尔曾经做过一个有趣的"毛虫试验"。

他把一队毛虫引到一个高大的花盆上，等全队的毛虫爬上花盆边缘形成圈圈时，法布尔就用布将花盆边上的丝接掉，仅留下花盆边缘上的丝，并在花盆中央放了一些松叶。毛虫开始线着花盆边缘走一只接一只盲目地走，一圈又一圈重复地走，它们认为只要有丝路在，就不会迷路。如此走了许多天，根本不知道距离几米处有丰富的食物，最后终因饥饿而死。

为什么现在不少的中年下岗职工很难找到合适的工作，除就业岗位因素外，更主要的是他们旧有的观念和思维。

设想一下，假如你是一个拳击爱好者，想找个人挑战，业余拳击手和专业拳击手你会选择谁？相信大多数人会选择专业拳击手，因为专业的拳击手是专家嘛！他们的门路和招数会让你在与他们过招的时候学到很多东西。

不过先别急着下结论，来看看英国新闻报道：某商场的两位顾客因为购物时发生摩擦动起了手，他们两人中有一个是专业的拳击手，而另一位是拳击盲。交手不到数分钟就分出了胜负。很出人意料的结果——专业拳击手败了。

很多人感到不解，一个专业拳击手竟然会打败？但仔细想想就不难明了：大家知道专业的拳击赛的规则是不能打头部，腰部以下也不能打。这样的规则已经在一个职业拳击手的脑中根深蒂固了。所以他在打架的时候也还是遵守这样的原则。而普通人没有受过训练，因此也就不会有规则和制度的束缚——拳下去直奔要害，拳击手不倒地才怪！

做事情也是如此，有时候做人也要不按套路出牌。虽说规则制定后大家应该遵守。但是，当继续遵守这些规则对谁那不会有好结果时，我们是不是该考虑让它顺应时间和环境的变化达到更好的状态呢？这种思维方式只要巧妙地运用会帮助人们解决很多难题。

一次俄国著名生物学家教授格瓦列夫正在上课。忽然，有个学生故意捣乱，学起了奋鸡的啼叫。倾时，教室里哄堂大笑，格瓦列夫教授却不动声色地看了一下自己的怀表，说道：我的这只表误时了，没想到现在已是凌晨。不过，同学们请相信我的话，公鸡报晓是动物的本能。

课堂里倾时响起了一片喝彩声。

学生在上课时学公鸡的啼叫，本意是制造混乱，一般教师遇到这种情况时，肯定会非常生气，将混乱的学生教训一番。但由于学生的逆反心理较重，这种方法的效果显然不是很理想。而格瓦列夫不按常理出牌，并没有训斥学生。从生物学的角度对"公鸡啼叫"作出了合理的解释，并巧妙地对捣乱者作了批评，不能不令学生们心服口服。

常规性和经验性的思维，这种思维方式容易使人凡事只想到唯一答案，将新的思想置于死地。而不按常理出牌，能在不同的事物和情境中找到联系，获得新的突破和创意。

8. 激发灵感冲出困境

我们在正常情况下，只要用脑得法，会不断产生新的想法和创意。但有时在思考问题时，往往百思不得其解，或者在时间不允许的情况下，束手无策，在这种情况下，由于灵感的闪现或者思维的飞跃，一个意想不到的好主意能使问题瞬间得到解决。可以说，灵感的火花总是在一瞬间照亮人们的出路，让人们摆脱困境，走向光明。

1915 年的一个夏夜，27 岁的华莱士躺在蒙大拿州一处农场的工棚里辗转反侧、彻夜难眠。他被一个不可思议、突如其来的灵感折腾看。即：办一本摘录报刊精华的杂志，名称就叫《读者文摘》几个月前，担任韦伯出版公司图书部书记员的华莱士，因向一名主管直接进谏被当场开除，身无分文的他四处当差，没有一位姑娘看得上他。

正当华莱士准备将灵感付诸实践时，美国向德国宣战，他报名参军。成为自愿应征的前 25 人之一。为此，他被编到 35 师，派到法国。

1917 年 9 月，华莱士所在的部队奉命攻击撤退到齐格菲防线的德军。战斗冲将结束之际，华莱士被一块弹片击中，被送往医院。呆在医院的那段日子，华莱士还一直在思索着他办刊的梦想。其间，他还专为士兵编了一本文摘杂志，并摸索出了一条经验，将大多数文章的篇幅删去四分之一，而不损及其精髓。

华莱士出国后，他花了近半年时调理首于公立图书馆，踌躇满志地做出了一本《读者丈摘》样刊。那时，他正追术一位年长他一岁，叫莉拉的姑娘没想到，这位姑娘不仅接受他的求婚，而且称赞他即将出版的刊物是一个"杰出的构想"。

华莱士和莉拉在纽约附近的快活镇租了一间酒吧的地下室，创办《读者丈摘》，并宣布结婚。

《读者文摘》创刊号一炮打响，此后它如滚雪球般越滚越大，而今已成为在 127 个国家拥有杂志、书籍、行销和投资运营的王国，年收人近 20 亿美元。

许多人可能都像华莱士一样有过一刹那的灵感启蒙，或创业灵感，但也许不少人认为那只是不切实际的空想而放弃。而奥诚良治·华莱士却一直没有放弃他的灵感。他当时并未想过它可能带来巨大的收获，但他认定这是一个不错的创业思路。他们坚持去实践，最终获得了成功。

9. 一意孤行只会封杀自己

一意孤行，不理会别人意见，不采纳别人见解的人绝不会轻易地取得成功。一些人对待新事物如遇洪水野兽，避之唯恐不及，他们在日新月异的变化中固步自封，必将为时代所淘汰。就像一把利刃，切断了许多机会及沟通的竹道。

有个渔夫，每次出海之前都要立一个誓言主，而且他从来不违背自己的诺言。他捕鱼的技术非常好，每次鱼汛都能网到好多鱼。一天，他听说市场上墨鱼最受欢迎，总是供不应求，卖墨鱼的人都赚了好多钱，于是他便立下誓言："这次出海只捕捞墨鱼。"便这次渔汛带来的大部分都是鳗鱼，因为要遵守自己的誓言，他把所有的鳗鱼都放了，空手回到了家，到家后去市场转的时候才发现市场上鳗鱼的价钱是最贵的。于是他又发誓言下次出海只捕鳗鱼。

第二次出海，他只想着捕鳗鱼，可是捕到的却都是墨鱼。于是他又空手而归了。实在是没有办法，好像上帝在故意和他开玩笑。

别人都劝他，不要再立什么誓言，因为谁也不能知道大海会赐予什么。但是他并没有把劝告放在心上，出海的时候，依旧立下誓言："这次出海无论是墨鱼还是鳗鱼都要捕。"

第三次出海，渔夫既没有网到墨鱼也没有网到鳗鱼，网里的全都是螃蟹，这次他没有再放走螃蟹。但是他已经没有力气收网。因为没有捕到鱼，他已经好多天没有吃饭了，饿得昏了过来，掉在了大海里，再也没有回来……

人们常常固执地想得到一些东西，期望过一种认定了的生活。可是一旦持有这种固执的心态，就无法真正自由地生活。上例中的渔夫的悲剧足以说明此点了。

固执也是人际交往的障碍，这是由于人们不能用理智来评价自身，也就不能客观公正地去评价别人，从而取得别人的理解和信任；也由于总是把自己的观点强加于人。势必会造成别人的心理反感，从而使交往在无形中产生一种"心理对抗";还由于固执己见就难免不与人发生争执,从而影响与人的思想交流和融洽相处。过于固执就无法与人沟通,会使你处于孤立无援、举目无友的境地,最终导致怀疑自己的能力。动摇甚至丧失自信。

一个木匠,造得一手好门,他费了好多时间给自家造了一个门,他想:这门用料实在,做工精良,一定会经久耐用。

后来,门上的钉子锈了,掉下一块板,木匠找出一个钉子补上,门又完好如初。后来又掉下一颗钉子,木匠就又换上一颗钉子;后来又一块板朽了,木匠就又找出一块板换上;后来门栓损了,木匠就又换了一个门栓;再后来门轴坏了,木匠就又换了一个门轴……于是苦干年后,这个门虽经无数次破损,但经过木匠的精心修理,仍然坚固耐用。木匠对此甚是自豪,多亏有了这门手艺,不然门坏了还知如何是好。

忽然有一天邻居对他说:"你是木匠,你看看你们家的门?"木匠仔细一看,才发觉邻居家的门一个个样式新颖、质地优良,而自己家的门却又老又破,长满了补丁。于是木匠很是纳闷,但又禁不住笑了,"原来是自己的这门手艺阻碍了自己家门的发展。"于是木匠一阵叹息:"学一门手艺很重要,但换一种思维更重要,行业上的造诣是一笔财富,但也是一扇门,能关住自己。"

所以,一个人一意孤行只会封杀自己,而换一种思维才能使人生更加顺利和美好。

10. 真诚是安慰的第一步

《孟子·离娄上》曾说："诚者，天之道也；思诚者，人之道也。"这就说明，从古时，人们就将诚上升到一个非常高的做人层次上了，要求人们在处理人际关系上，在立身处世中，讲究一个诚字，以诚来规范个人的行为言辞。

《水浒》中，小小的梁山，怎么会有如此强大的吸引力，竟有那么多的英雄豪杰纷纷投奔，即使是曾经刀戈相见的朝廷命官也甘愿落草，以致梁山出现了人才济济的可喜景象？宋江本身的才能并不出众，充其量只是一个小小的刀笔吏而已，令人意想不到的是就在这个貌不出众、技不惊人的"小人物"身边却凝聚了一百多条英雄好汉，其中奥秘何在？归根到底，缘于宋江的纳才获贤、凝取人心的义举，虽然是情、义，但最重要的还是一个诚字。宋江礼贤下士的坦诚，常常让前来投奔他的人感激涕零。

每当有人来投奔，宋江总是礼贤下士，待人彬彬有礼。纵使对战场上捕捉来的朝廷命官，也是每次"喝退左右，亲解其缚，扶上交椅，纳头便拜"。

一位析人说：唯有真诚才能识别真诚。真诚是换位思考的第一步。如果你是抱着不尊重人的心理去和对方交流，毫无疑问。你这种交流是不起任何作用的。与对方进行有益的思想传递和感情传递，这有利于人们之间的相互学习，从而得到广泛的人脉。罗斯福向来是以诚待人，尊重身边的每一个人。

在一次宴席上，属于民主党的罗斯福发现有许多自己不认识的人。

这些人是共和竞成员。

毫无疑问。这些人是认识罗斯福的，不过由于他们在此之前没有与罗斯福打过什么交道，所以他们之间只是一种礼节性的、表面上的应酬而已。可是在散席之前，罗斯福向他们每一个人表示自己一点至诚的好感。

当时的罗斯福用从非洲回来，正在准备参加1912年选举，对他来讲这是一次展现自己魅力和风格的好机会。

对于宴席上的这些不相识的人，他是有所准备的，他有一个计划，但是这一计划必须从一个简单的问题开始。

当时坐在罗斯福旁边的是洛思瓦特博士，他这样回忆道："在彼此介绍了之后，罗斯福凑到我耳朵边轻轻地说：洛思瓦特，你把坐在我对面的这些人的大致情况向我介绍一下。于是，我主要地把每个人的性格特点给他介绍一下。

接着，罗斯福就开始向这些自己以前从来没有接触过的人发起"进攻"了，在对他来说，这场战争大容易了因为他已经摸清了对方的底细，弄清楚了他们每个人最自信的是什么，他们有些什么特殊的喜好，等等。

所以，从这样的一些内容里，我们可以考到罗斯福的"私人交际天才"的称号是怎样得来的，洛思瓦特博士后来又回忆道："因为有了这些背景知识，罗斯福立即就有了适宜于和在座的每一个人谈话的资料了。"

为了用换位思考去笼络罗斯福身边的人，他总是不厌其烦地打听有关他们的一切情况。这样，他才能够引起他们谈话的兴致来，他们也会感觉到他对他们是很感兴趣的。正是通过这种方法，罗斯福几乎让宴会上的每一个人都感到很亲切，而散席后他在他们心目中都留下了美好而深刻的印象。

现实生活中，许多人好像喜欢运用巧诈。其实，为人处世的基本原则，古今无多大差别。喜欢诈术的人，虽然能一时欺骗别人，也能获得利益，但是，久而久之，就一定会露马脚，失去别人对你的信任。最终不但获利不多，反而损失更大。而真诚的人也许不会一下子就抓住人心，但是时间一久，他的诚意就会逐渐渗入人心，博得大家的信任，从而获得事业成功。真可谓"路遥知马力，日久见人心"，诚信正是交友的重要原则之一。

第十章　生存的八大法则

人的一生，总要为生活，为生存而努力奋斗，掌握这十大生存法则对于我们的一生都有不可替代的重要意义。

1. 找准扩散点

有人曾对一群学生做过这样一个测试，请他们在五分钟之内说出红砖的用途，结果他们的问答是："盖房子、建教室、修烟囱、铺路面、盖仓库……"尽管他们说出了砖头的多种用途，但始终没有离开"建筑材料"这一大类。其实，我们只需从多个角度来考察红砖，便会举出如压纸、钉钉子、打架、支书架、锻炼身体、垫桌脚等诸多其他用途。这种从尽可能多的角度观察同一个问题，不受任何限制的思维方式就是发散思维。

事实上，成就突出的人往往会撇开众人常用的思路，善于尝试多种角度的考虑方式。从他人意想不到的"点"去开辟问题的新解法。所以，当我们提倡大家要进行发散性的思维训练，其首要要素便是要找到事物的这个"点"进行扩散。扩散点主要包括材料、功能、结构、组合、形态、因果关系等方面，找准了"扩散点"，就可以灵活、新颖地进行扩散训练，以开发我们发散性的思维能力。

2008 年奥运吉样物"福娃"的创作过程也是专家们利用发散思维

进行创新的最全面、最精彩、最经典、最成功的实例。

（1）辐射发散

北京奥运会吉祥物向全世界征集作品从 2005 年 8 月 5 日开始，到 12 月 1 日止。北京奥组委从几万件作品中收到有效参赛作品 662 件。其中，中国内地作品 611 件，占总致的 92.3%；港澳台作品 12 件。占总数的 1.8%；国外作品 39 件。占总教的 5.9%

（2）头脑风景

2004 年 12 月 15 日。在北京奥组委 16 楼会议室，陈逸飞、郑渊洁等 24 名在艺术、文化领域中取得卓越成就的专家学者，对 662 件吉样物有效参赛作品进行了艺术评选。17 日，由靳尚谊、常沙姗等 10 名中外专家组成的推荐评选委员会，对进人推荐评选阶段的 56 件作品进行了审阅和评议。大熊猫、老虎、龙、孙悟空、拨浪鼓以及阿福 6 件作品被定为吉祥物的修改方向。

在集思广益的基础上，由推荐评选委员会推荐成立的修改创作小组组长、著名艺术家韩美林执笔，最终完成了吉样物方案的设计。

（3）组合发散

专家组通过大量的研究、考虑、修改和艰苦的再创作工作，确定以大熊猫、猴子、龙、老虎、拨浪鼓及其组合形象为基本创作方向。

五一期间，韩美林综合各方提出的修改竟见，对"中国娃"，方案进行了进一步的修改完善，提出了以北京传统风筝"京燕"造型代替龙，造型的修改方案。在表现手法上，将申奥会、毛笔的笔触和奥运会会徽中国印的感觉相结合，大胆地采用中国传统水墨画的手绘技法，重新勾画了五个福娃的形象，着重突出了吉祥物生动活泼的性格特质。在整体形象的艺术表现方面有了重大的突破。至此，北京奥运会吉样物形象定位已基本完成。

（4）关系发散、因果发散与特性发散

①色彩源自五环："福娃"是北京2008年奥运会的吉祥物，其色彩与灵感来源于奥林匹克五环，来源于中国辽阔的山川大地、江河湖海和人们喜爱的动物形象。福娃向世界各地的孩子们传递友谊、和平、积极进取的精神，以及人与自然和谐相处的美好愿望。

②名字谐音：北京欢迎你。"福娃"是五个可爱的亲密小伙伴。他们的造型融入了鱼、大熊猫、藏玲羊和燕子以及奥林匹克圣火的形象。每个娃娃都有一个朗朗上口的名字："贝贝、晶晶、欢欢、迎迎、妮妮"。在中国，重音名字是对孩子表达喜爱的一种传统方式。当把五个福娃的名字连在一起时，你会读出北京对世界的盛情邀请，北京欢迎你。

③福娃原型：连含天地五行"福娃"的原型和头饰蕴含着其与海洋、森林、火、大地和天空的联系。应用了中国传统艺术的表现方式，展现了灿烂的中华文化。很久以前，中国就有通过符号传递祝福的传统。北京奥运会吉祥物的每个娃娃都代表着一个美好的祝愿：繁荣、欢乐、激情、健康与好运。娃娃们带着北京的盛情，将祝福带往世界每个角落，邀请各国人民共享北京，欢庆2008奥运盛典。其实，我们不难看出，在奥运福娃的创作过程中，都是抓住了一个点或一个组合在扩散，然后汇总其发散思路回到一个核心主题当中，这就更加突出了其主题的色彩。

2. 懂得倾听比善于说话更重要

生活不总是鲜花掌声，也不可能一帆风顺，要保持一种健康的心态和一份快乐的心情，全凭你的换位思维了，站在不同的角度看问题，就会发现很多问题总是一体两面的。

在人们的日常生活中，我们很多人都认为能说会道可以在社会中立足。而事实是不仅这样的人能够立足于社会，而且那些少言寡语的人也能够立足这个社会。而且不爱说话的人在这个社会上还经常从事一种高职位的工作，这就从理论与实践当中都驳斥了那些认为能说会道将来一定有出息的谬论。

倾听为什么重要呢？相信大家一定都知道心理医生吧？心理医生并不一定是善于说话的，而是善于听的，因为在国际医学领域已经越来越发现那些心理有问题的人都是因为长期没有一个可以倾诉的对象，而心理医生就是从事这样的工作的人。

一个人去买鹦鹉，看到一只鹦鹉价标签：此鹦鹉会两门语言，售价200元。另一只鹦鹉前则标道：此鹦鹉会四门语言，售价400元。

该买哪只呢？两只都毛色光鲜，非常灵活可爱。这人转啊转，拿不定主意。后来，他突然发一只老得掉牙的鹦鹉毛色暗淡散乱，标价800元。

这人赶紧将老板叫来：这只鹦鹉是不是会说八门语言？店主说：不。

这人奇怪了，那为什么又老又丑，又没有能力，会值这个价呢？店主回答："因为另两只鹦鹉说的话它都能听懂。"这故事告诉我们，真正有能力的人往往不是那些能说会道的人，恰恰相反，而是那些真正懂得去倾听的人。

学会理解，就要知道懂得倾听比善于说话更为重要，这可以让我们懂得亲情、爱情和友情。让我们体会一种默默无语的关心和体贴。

　　面对老人的絮叨、嘘寒问暖的关心，有时候，我们不需要语言。倾听就已经足够了。倾听他说了无数遍的陈年旧事，倾听他重复再三的叮咛嘱咐。不要不耐烦，静静的倾听，听他说完，用我们认真的神情告诉老人，我们记得了，我们知道了。让老人的关心和他心里的陈年往事，有个倾诉的对象，有个倾听的人，这就是孝顺！

　　面对爱人的唠叨、埋怨和细致家常，我们理应笑着倾听。因为他（她）要把对你的爱、对生活点点滴滴的感受都要与你分享。摇曳的烛光中，凝视他（她）的眼神，用爱心倾听他的心声。让爱意在你暖暖的注视里弥漫开来；让所有的不愉快烟消云散；让快乐在他（她）的心头永驻。学会倾听，会让我们的家更温馨；会让爱人变得柔情似水；会让他（她）更加爱你！面对朋友的倾诉，他们的喜悦、忧伤和细细密密的心事。有时我们也许不必发表意见，我们的朋友，他需要的可能就是一个听众。他只是想把自己心里的委屈和快乐倒出来，我们安静的倾听，对他来说就是最好的安慰和鼓励了。用我们关注的眼睛告诉他，我们在倾听。倾听他内心的独白；倾听他狂热的爱恋；倾听他失意时的悲伤。用倾听告诉他，我们是心灵相通的朋友！

　　面对孩子的撒娇、童言稚语、青春的萌动。倾听是对他最大的尊重。不要轻视孩子的表情，我们应该耐心倾听他们的内心世界。用倾听赢得他们的信任和纯真的爱；用倾听鼓励他们把自己的想法说出来。和孩子们在一起，听他们说比说给他们听更重要。了解孩子就是从倾听开始的，和孩子们做好朋友，就要首先学会倾听他们……

　　在现实生活之中，误解和不理解总是伴随着我们，也许善于倾听是相互理解的最好的方式了。通过换位思考，可以让我们了解别人的心理需求，感受到他人的情绪，将沟通进行到底；通过换位思考，可以让我们揣测到对方的心理，达到说服对方的目的。

3. 换个位置换个活法

　　现实中常常有人埋怨命运的不公平，为什么别人可以获取成功的机会自己却永远被埋沉于沙漠中？只要你敢于思考，勇于突破，敢想敢做，你就能在关键时刻抓住机遇；相反，如果你随波逐流，甘于平庸，就只会使自己的智慧之泉干涸、创造之井枯竭。这样一来，当机遇随风而来时，你也会视而不见。但是，有些人却常常陷入某种思维定式之中，自设陷阱、自设障碍，以致"一根筋"地坚持到底，迷迷糊糊地转不过弯来。最终荒废了自己的聪明与才智，以至于和成功失之交臂。"水流不腐，人活不输。"成功者总是能够善于思考、抓住机遇换个路径，因而改变自己的命运。

　　谭盾是一位国际知名的音乐家。他刚到美国时，不得不靠在街头拉小提琴卖艺来维持生计。他和一位认识的黑人琴手竞争到了最能赚钱的一家商业银行。过了一段时间后，谭盾积累了一定的资金。就和黑人琴手道别，进入音乐学府学习深造，并将自己所有的精力都投入到音乐的学习和技艺的提高当中。

　　在大学里，谭盾虽然不能和以前一样在街头拉琴赚钱，但他旋转自己的思维。让眼光超越金钱，投向远大的目标。10 年后，谭盾成为国际上知名的音乐家。当有一天，他再次路过那家商业银行时，发现昔日老友——那位黑人琴手，仍在那如痴如醉地拉琴卖艺……

　　你会不会也像黑人琴手一样，死守"最赚钱的地方"不放？你的才华与前程，会不会以此而白白地断送掉？谭盾的思想和路径没有改变，他的人生也不会改变。在充满不确定性的环境中，有时需要的不是朝着既定方向的执着努力，而是在随波逐流中，寻找求生的路；不是对规则的遵循，而是对规则的突破。不能否认执着对人生的推动作用，但也应看到，在一个经常变化的世界里，灵活机动的行动比有序的衰亡好得多。

有这样一个故事：一匹老马，不幸落入枯井，人们想尽千方百计也不能把它救出，便打算把它活埋。泥土一铲铲倒入井中，老马立即看到了逃生的希望。它不断抖落身上的泥土，并将其踩在脚下。倒入井中的泥土越来越多，老马脚下的土堆也越来越高……结果，老马顺利逃出了枯井。

所谓世事变化无常，在人生的曲折开拓之路当中，有一条路可以绕开人生路上很多的坎坷使人生走向成功。那就是灵活变通的方式。

在竞争白热化的今天，职场已宛如一块不易坚守的阵地。"铁打的营房，流水的兵"，说不定哪一天你就会莫名其妙地丢了饭碗。但是，如果你能变通生存，努力超越自己的过去，那么，无疑将会极大地增加你胜出的砝码，并为你创造出一飞冲天的气势。

4. 在冒险中寻求改变

做任何事情都不会一帆风顺，随时都可能出现意外情况，出现曲折，甚至失败。但是成功又是每个人所向往的，因此，冒险则是难免的。

推而广之，从小孩迈出第一步到人类在月球上留下足迹，无一不是冒险。如果干这个怕违背祖训，干那个又怕没有先例，那还有什么改革创新而言？

有句话说得好："舍不得孩子套不住狼。"风险与机遇永远是同在的。风险的背后通常暗藏着机遇，机遇中也总是充满了风险。冒险便能够抓住机遇获得成功。

查斯特·非尔德爵士有一个朋友有个新点子，即要把一些老字号的旧产品加以更新。有几家大公司愿意把某些不是销售得很好的产品卖给他们，他们把它们买下，重新包装，小心保留原来的商标在明显的位置，搭配耀眼的广告以及货品目录，开始进军市场。他们新鲜的点子激发了多家公司买主的兴趣，在不好卖可以退货的承诺下，订户与他们签下了很多订单，这使他们开张大吉。于是他们想，这回该稳赚了吧，他们再一次与他们往来的银行职员握手，保证一旦他们开新车、住豪宅时，绝不会忘了他们。看着一货柜的产品运向自己的客户，那种感觉真是愉快。不过，看着同一货柜又回到原来的起运点，可真是不好受。特别是当银行经理也在一旁目睹这般惨状的时候，那更是倍感难过。不过结果就是这么回事。

所以说，如果不寻求创新之路，拿自己的时间、金钱、事业来冒险犯难的话，就必须深思熟虑，切不可鲁莽行事，否则就注定要失败了。请记住：冒险不是瞎闯蛮干。因此我们要把"胆"和"识"结合起来。才会成功。没有"识"，就是莽夫；没有"胆"，那便是懦夫了！

一个成功者的一生，必定是一个与风险拼搏的一生，除非不干事业，干事业则必有风险。J·保罗·格蒂是石油界的亿万富翁、一位走运的人，在早期他走的是一条曲折的路。他上学的时候认为自己应该当一位作家。后来又决定要从事外交工作。可是，出了校门之后，他发现自己被俄克拉荷马州迅猛发展的石油业所吸引，那时他的父亲也是在这方面发财致富的。搞石油业偏离了他的主攻方向，但是他觉得，他不得不把自己的外交生涯延缓一年。他想试试自己的运气。

格蒂通过在其他开井人的钻塔周围工作，筹集了钱，有时也偶尔从父亲那里借些钱。年轻的格蒂是有勇气的，但不是鲁莽的。如果一次失败就足以造成难以弥补的经济损失的话，这种冒险的事他从来没有干过。他头几次冒险都彻底失效了。但是在 1916 年，他遇上了第一口高产油井，这个油井为他打下了幸运的基础，那时他才 23 岁。

威廉·丹佛说：冒险意味着充分地生活。一旦你明白它将带给你多么大的幸福和快乐，你就会愿意开始这次旅行。

茫茫世界风云变幻，人生沉浮不定，而未来的风景却隐在迷雾中，向那里进发，有坎坷的山路，也有阴晦的沼泽，深一脚浅一脚，虽然有危险，但这却是在有限的人生道路上通往成功与幸福的捷径。

5. 方法总比问题多

我们首先来读一则故事：

很久以前，曾经有位求学者历经千辛万苦，四处拜师求学，希望自己能够得到真正的智慧。可是，让他感到困惑的是，他学到的知识越多，就越觉得自己无知和浅薄。有一次，他遇到一位名扬天下的禅师，便向禅师倾诉了自己的困惑，希望禅师能够指点迷津，让自己找到真正的智慧。禅师听完他的诉说后沉默不语，过了一会儿，他问这位学子："你求学的目的究竟是为了什么，是求知识还是求智慧？""知识和智慧有什么不同吗？"学子不解地问道，在他看来，知识和智慧并没有什么区别，他也从来没有思考过它们之间的区别。禅师笑道："当然有所不同了。求知识是求之于外，当你对外在世界了解得越广越深入，你所遇到的问题也就越来越多、越来越难，这样，你就会感到自己反而越来越无知和浅薄；而求智慧则不同，求智慧是求之于内，当你对自己的内在世界了解得越多越深入，你的心智就越来越清澈明晰，就不会有那么多困扰你的烦恼了。"学子恍然大悟，由衷地感叹道："大师的意思，我就是那个只顾砍柴而忘记磨刀的人吧！"禅师笑而不答。不要只顾着砍柴而忘记了磨刀，在思索人生的过程中，我们很容易走上岔路，陷入一片茫然之中。

那么，我们究竟该如何思考呢？其实，车到山前必有路，方法总比问题多，只要你肯主动接过问题，总能找到出路；而如果你只知道一味地退却，一见到困难的影子就知道怨天尤人，那么问题将越来越多，解决起来也越来越困难。

杰克是个美国农民，他因爱动脑筋，常常花费比别人更少的力气，而获得更大的收益，当地人都说他是个聪明人。到了土豆收获季节，美国农民就进入了最繁忙的工作时期。他们不仅要把土豆从地里收回来，而且还要把它运送到附近的城里去卖。为了卖个好价钱，大家都要先把土豆按个头分成大、中、小三类。这样做，劳动量实在太大了，每人都只有起早摸黑地干，希望能快点把土豆运到城里赶早上市。杰克一家与众不同，他们根本不做分拣土豆的工作，而是直接把土豆装进麻袋里运走。杰克一家"偷懒"的结果是，他家的土豆总是最早上市，因此每次他赚的钱自然比别家的多。一个邻居发现了杰克一家赚的钱比自己多，但是不知道他们是怎么做到的。于是就悄悄地跟踪，终于发现了其中的奥秘。原来，杰克每次向城里送土豆时，没有开车走一般人都经过的平坦公路，而是载着装土豆的麻袋跑一条颠簸不平的山路。3英里路程下来，因车子的不断颠簸，小的土豆都落到麻袋的最底部，而大的自然就留在了上面，卖时仍然是大小能够分开。由于节省了大量的时间，杰克的土豆上市最早，价钱自然就能卖得更理想了。杰克这种巧妙地利用自然条件进行逻辑想象的方法，看起来并不惊天动地，但却能开启我们的大脑。

如果你能够激发出自己这样的逻辑想象能力，就可以把事情做得更好了。其实，很多事情并不是你做不好，问题在于，你有没有好好思考过怎样去做？有没有更好的方法，如何才能把它做得更好？多看、多想、多换几个角度观察和思考问题，问题总会得到解决。

6. 借用"外脑"为我所用

古之"借风腾云""借尸还魂""借腹怀胎""借名钓利""借力打力""借鸡生蛋"，无不是讲究一个"借"字。个人的成功也需要借用他人的智慧。香港富豪李嘉诚说："每天，我要处理的事情太多了，我又不是孙悟空，可以有三头六臂，我只是一个平凡人，所以，如果没有多人替我办事，我是无论如何不会取得今天这样的成就的。成就事业最关键的是要有人能够帮助你，乐意跟你工作，这就是我做生意成功的秘诀。"盛颂才一直追随李嘉诚左右长达30年之久，直到后来因为举家移民加拿大，才走出了长江实业的大门。周千和是集团公司副董事，今天，他依然在李嘉诚身边为他出谋划策。尽管李嘉诚的企业是一个典型的东方家庭管理企业，但是，他向这个家族企业注入了新鲜的血液，使得公司成为一个具备一流专业水准和超前意识且组织严谨的现代化"内阁"。一家评论杂志是这样评论李嘉诚的企业的："李嘉诚这个内阁，既结合了中、青的优点，又兼备中西色彩，是一个行之有效的合作模式。"李嘉诚把麦理思、周千和、周年茂、霍建宁、马世民、洪小莲这些人笼络在自己身边，为自己出谋划策，共守江山。英国人麦理思可谓是李嘉诚的得力助手，他毕业于剑桥大学经济学系，对西方现代化的科学管理知识了如指掌，并具有丰富的管理才能和经验。他一直追随李嘉诚左右，为生气勃勃的李氏王国大效其力。英国人马世民也非常受李嘉诚的器重，他成功地为李嘉诚出使"西域"，使得李嘉诚财团拓展了业绩。从此，便得到了李嘉诚的信任和赏识。正是李嘉诚善于借用别人的大脑办成自己的事情，才促成了他生意上的飞黄腾达。

爱迪生也是这样的人。一代科学巨匠爱迪生，一生的发明创造达到近千种。如果没有他，人类还不知道要在油灯和蜡烛的昏暗中生活多少年。其实，在他巨大成功的背后，原来也有着非常简单的秘密。

据美国新泽西州卢特杰斯大学爱迪生研究会的一项最新的研究成果表明，爱迪生的成功在很大程度上得益于他的借脑意识。爱迪生比谁都能意识到好主意的价值，他向形形色色的人征集好的主意、点子、想法，甚至不惜出高价购买别人的一个主意。试想一下，假如只靠他一个人的脑袋孤军奋战，再怎么聪明，也绝不可能有近千种发明创造。正因为爱迪生巧妙地借用了很多人的头脑，才取得了那么巨大的成就！他最后在总结自己的经验时说：要想成功，就必须利用别人的头脑。在今天，不少企业都十分重视外脑的作用，他们不惜用重金请外脑，买计策，给自己带来了良好的收益。但是，还是有很多人都缺乏借脑意识，并存在某些思想障碍。有的人往往觉得借用别人的头脑、听取别人的意见，显得自己非常笨，心里不爽快。其实，这种想法大可不必。善于借用他人的头脑，才是真正的聪明人，才是有大智慧的人。古人说得好：下智者用己之力，中智者用人之力，上智者用人之智。我们不仅要善于借用直接的外脑，还要善于借用间接的外脑。只要留心，他人的谈话、见解、思路，等等，都能够使我们受到启发。我们要思想开阔，眼观六路，耳听八方，有意识地接受外界的各种启迪。别人的思路可能引导我们改变习惯性的旧思路，别人的观点可能使我们产生新观点，最终转化为成功的契机。

7. 用积极的眼光看问题

集中在痛苦、烦恼上，生命就会黯然失色；如果你把目光转移到快乐、希望上，你将会得到美好的明天。让我们再看一个非常有趣的故事：在国王的众多大臣之中，有一位大臣非常有智慧，而这位大臣也因他的智慧，倍受国王的宠爱与信任。这位大臣拥有一项特长，他永远抱着积极的想法。

不论遇上什么事，他总是愿意去看事物好的那一面。也由于这位大臣这种凡事积极看待的态度，也为国王妥善地处理了很多麻烦的大事，这样一来，国王凡事都要向他请教。国王热爱打猎。有一次在追捕猎物时意外受伤，弄断了一节食指。国王疼痛万分，立即招来这位大臣，征询他对这件意外断指的看法。这位大臣仍本着他的一贯作风，冷静地告诉国王，这应是一件好事。并劝国王往好的方面去想。国王听后非常生气，以为他在嘲讽自己，立即命左右将他拿下，把他关进监狱里。待断指伤口痊愈之后，国王也忘了此事。一日，国王又出去打猎。却不料祸不单行，竟带队误闯邻国国境，被丛林中埋伏的一群野人活捉。

按照野人的惯例，必须将活捉的这队人马的首领献祭给他们的神，于是便抓了国王放到祭坛上。祭奠仪式正开始时，主持的巫师突然惊叫起来。原来，巫师发现国王断了一截食指，而按他们部族的律例，献祭不完整的祭品给天神，是会受天谴责的。野人连忙将国王解下祭坛，赶他离开，另外抓了一位同行的大臣献祭。国王狼狈地逃回朝中，庆幸大难不死，忽然想到那位大臣所说。断指是一件好事，就立即派人将他放了，并当面向他道歉。大臣还是抱持他的积极态度，笑着对国王说："这一切都是好事。"国王还是不服气地问："说我断指是好事，如今我能接受。但如果说因我误会你，而把你关在牢中受苦，难道这也是好事？"大臣笑着回答："臣在牢中，当然是好事。陛下不妨想想，如果我今天不在牢中，陪陛下出猎的大臣会是谁呢？"

每件事情必然有两面，这位智慧的大臣总是往好的一面去想。你在看待事物上，比较倾向哪一面呢？半杯水是半空还是半满，是最常被提出来区分消极悲观与积极乐观看法差异的简单比喻。消极者看到人家给他半杯水，会抱怨"只"剩半杯水；而积极者则乐道"还"有半杯水。同样的半杯水，你愿意将眼光定位于拥有抑或失去的哪一半呢？这个选择对你的一生将有极大的影响。

犹太人是世界上最会赚钱的民族，这或许和他们一生积极乐观的态度很有关系。有段犹太俗谚是这样的：如果断了一条腿，你就该感谢上帝不曾折断你两条腿；如果断了两条腿，你就该感谢上帝不曾折断你的脖子；如果断了脖子，那也就没什么好担忧的了。

用积极的眼光看问题，你才会抱着积极的想法和态度，即使遇上挫折，积极者也会认为那是帮助他自己的成功大树开始生根、发芽的种子。凡事都有两面，建议你永远看好的那一面，那好的一面就是你的未来。

8. 调理出健康的心态

我们眼前的任何事实都不如我们对它所持的态度重要，因为那会决定我们的成功或失败。你对某件事情思考的方式，可能在你尚未行动之前就已将你击垮。你被事实所征服，只因你以为事实就是那样。没有人能够绝对地预知未来，所以面对一个即将要实现的目标，往往会反反复复地想着"一定能行"或"不，不行"，这种乐观和悲观的念头相互交替着出现。下面让我们看一则有趣的实验。

美国心理学家做过这样一个软糖实验。教师在教室里给每个小孩桌前放一块软糖，并告诉他们，老师要出去一下，等回来后，如果发现谁的软糖没吃，那么老师就会再给他一块。老师回来后，发现有的孩子把糖吃了，有的没吃。17年后当那些孩子长大成人，心理学家对他们进行跟踪调查，结果发现，那些没吃软糖的，即能够推迟享受的，都取得了很大的成就；那些马上吃软糖的，几乎没有取得多大成就。这说明了什么呢？这跟心态有关吗？

健康的心态到底是怎样的，难道从小就能看出苗头吗？毫无疑问地说，是的。健康的心态永远不是停留在物质的享受上。我们说，心态决定一个人的命运。健康的心态就是人在生活中最大的光明。我们无法改变事实，但是我们可以改变自己。改变自己的什么？是性格吗？不是，事实上人的性格几乎无法改变，我们仅仅能改变的是我们自己的心态。一个人的心态完全可以由自己来操控。

要有好的心态首先要养成良好的习惯，尤其在做事情时要把精神集中在这件事情上，你会发现生活比以往更有味道，因为你已学会专心做一件事，你会饱含激情地面对人生，也会玩得更痛快。现实中也许有些人会提出疑问："是不是只有少数人能陶醉在工作中，或者学习中？为什么有的人工作非常辛苦，学习非常努力，却收获有限？"是的，如果你在工作上只是盲目地做牛做马，那就太不值得了。如果你在听课中三心二意，背后下苦功夫效果也并不明显。辛勤工作并不表示你真正投入到工作中了，努力学习也并不表示你真正把心思都花在学习上。同样是砌砖墙，有的人默默埋头苦干，觉得工作非常无聊，但还是认命地做下去；有的人一边砌，一边想象这座墙砌成后的面貌，上面也许会爬满蔷薇花，孩子们也许会攀在墙头看风景等，他努力砌墙的同时，眼睛已经看到努力的成果了。

无论是工作与学习，我们都要在其中找到乐趣和自信。自信大多来自于一个人的成就感之中。前一个砌墙人虽然卖力，其实跟牛马差不多，在现有的工作上打转，生活对他来说是一种苦刑。后者却能陶醉在工作中，同时他也懂得一边工作，一边思考如何把工作做得更好，因此工作技能会不断地得到提高，工作不仅不让他觉得无聊，还让他有机会成为这一行业的佼佼者。

保持健康的心态要有健康的身体和无限的精力，登高需要体力和耐力。爬高山如此，晋升高位也是如此。体力不济的人，常会停停歇歇，永远到不了山顶。一个人上到半山腰中就不想上了，往往会改变心意，偷懒把目标定得低一点，当不了总裁，能当个经理也不伤大雅。当然这并不是让你降低对自己的要求和品位，而是要学会把握进退的尺度，不钻牛角尖。更要以正面的态度来审视这个世界。

医学界发现，事业有成是人健康的因素之一。一个人倘若乐于接受压力，那么他的精力就会感到非常充沛，面对压力和挑战时，会全力以赴，集中精神解决问题，用不了多久就能进入忘我的境界，这种精神状态和运动一样有益于人们的健康。全身心地投入到工作中，你会得到"忘我"的快乐，这种快乐是永远享受不尽的。有一位心理学家询问 175 名职业棋手、舞蹈家和运动员，为什么他们能陶醉在工作中？回答是：因为能够得到名利！因为非常享受！只有全身心投人在事业上，才会成为最后的赢家。

9. 每天淘汰自己一次

有一则寓言给我留下了十分深刻的印象：

在非洲的大草原上生活着羚羊和狮子。一天清晨，羚羊从睡梦中醒来，它想的第一件事就是，我必须比跑得最快的狮子还要快，否则，我就会被消灭。而狮子也同时在想：要想得到我今天的美餐，我必须比跑得最快的羚羊快。于是在广袤无垠的大草原上，无时无刻不在演绎着惊心动魄的生死搏杀，优胜劣汰的自然法则在这里体现得淋漓尽致。

"每天淘汰自己一次"，这是告诫大家的一句话，也是我们办事时常常说的一句话。事实上，人类所处的生存空间正在被无限压缩，20世纪纪70年代的时候，欧美一些未来学家曾经预言："当人类跨人21世纪时，每周的工作时间将压缩到36小时，人们将会有更多的时间提升自我，休闲娱乐。"但历史的脚步真的迈入21世纪时，人们却惊讶地发现，相当多的人每周工作时间在无限延伸，甚至超过了72小时，而有不少人却被"剥夺"了工作的权利，被市场无情地淘汰和抛弃了，而那些每周工作时间在不断延伸的人们却是愈加发奋，苦苦地"提升"自我。未来学家们的美好预言被残酷的事实无情地击了个粉碎！假如你不淘汰自己，可能就会被别人淘汰。

淘汰自己就是不满现状，不断地通过各种手段和途径改变现状。迈克尔·乔丹的成长历程给人们的启发性很大。下面我们看看他的成长故事。事实上在高中的时候，乔丹的教练就告诉他说："迈克尔·乔丹，你身高不够高，即使你球打得再好，以后也不可能进入校队，我们决定不要你这个球员。"

迈克尔·乔丹想："怎么可能？我未来要进北卡罗来纳州大学，

怎么可能我连高中的校队都进不去，你嫌我身高太矮?"

迈克尔·乔丹就跟他教练讲："教练，我不上场打球，可是我愿意都所有的球员拎行李。当他们下场的时候，我愿意帮他们擦汗。请你让我在这个球队，跟这些球员一起练球，这是我要成功的企图心。"

教练发现迈克尔·乔丹的企图心的确超过任何人，后来他接受了迈克尔·乔丹的建议。有一天早上，篮球场的管理员整理球场时，发现有一个黑人倒在地上睡觉。他问道："你叫什么名字?"这个黑人好像很累的样子说："我叫迈克尔·乔丹。"迈克尔·乔丹实在是太累了! 他早上练球，中午练球，下午跟着球员一起练球，晚上还要练球，他比任何人都要努力。后来据迈克尔·乔丹的父亲讲，乔丹全家人的身高没有一人超过 180 厘米。迈克尔·乔丹不断地淘汰自己，努力程度一日超过一日，让他长到 198 厘米，长高了 20 厘米。所以各位，假如你想要长高，假如还没有实现，可能是你淘汰自己的企图心还不够。后来迈克尔·乔丹如愿以偿地进入北卡罗来纳州大学。

迈克尔·乔丹正是不断地引爆自己的内心的潜能，告别昨日，不断地提升新的自己，才造就了他一次次的飞跃，留下了飞人乔丹，不可超越的神话。请记住："每天淘汰自己一次"也就是要每天提升自己一次，在岁月的磨练中一次次地提高自己的竞争优势筹码，慢慢地成长自己的客观实力，不断拓展自己心灵的空间，强大自己灵魂的力量，使自己永远立于不败之地。

10. 思考的人生

（1）简单思维

简单思维是最经济、最省力、最优化、最准确的思维，具有普遍的适用性。任何问题的复杂化，都是因为没有抓住最深刻的本质，没有揭示最基本规律与问题之间最短的联系，只是停留在表层的复杂性上，反而离解决问题越来越远。最简单是最合理解决问题的方式。

（2）辩证思维

看待事物一分为二，权衡利弊，合理取舍。凡事留有余地，力气不必用尽，把握在手的东西，要懂得慢慢享用。

（3）顺势思维

生命是随时间一分一秒组成的，关键看怎么过度。顺大势所趋，顺潮流而动，顺时间而进，顺道理成章，乃是自然规律，背离将付出沉重代价。

（4）逆向思维

逆向思维，又称反向思维，是指从反面（对立面）提出问题和思索问题的思维过程，是以逆常规的思维方法，来解决问题的思维方式。

(5) 横向思维

横向思维，是将由外部世界观察到的刺激，牵强地与正在考虑中的问题建立起联系、使其相合，也就是将多种多样的或不相关的要素，捏合在一起，期获得对问题的不同意见。

(6) 质疑思维

怀疑是走向哲学的第一步。要创新，就必须对前人想法加以怀疑，从前人的定论中，提出自己的疑问，才能够发现前人的不足之处，才能够产生自己的新观点。要取得创新成功首先就要敢于质疑。

(7) 换位思维

换位思维，就是设身处地地将自己摆放在对方位置，用对方的视角看待世界，这一种非常有益又十分实用的好思维。

(8) 换轨思维

换轨思维是种非常有效的创新工具，当某一路径无法抵达目标时，及时脱轨便成为突破的关键。换轨思维，可以使人从容面对人生困境。

（9） 众向思维

人要懂得借势借力，自己要是没有能力去办好某一件事，那就定得想方设法请个能人代劳；要是自己有能力，有时也得考虑一下是否该让更有能力的人，把一件事情办得更漂亮一些。

（10） 矛盾思维

事务是相容的，也是矛盾的。和谐是相对的，矛盾是必然的。现实的问题，才是最重要的问题。只有认真对待现实中的问题，才有可能真正改善当前的处境。

（11） 发散思维

发散思维的实质，就是要突破常规和定势，打破旧框框的限制，提供新思路、新思想、新概念、新办法，所以，它是一种创造性思维方式。

（12） 质量思维

量变会引起质变，不可忽视任何细微，但又不被细微所困惑。既看到事物现象，又看到本质。迂者拘泥于形，易被外在束缚；巧者注重本质，因而心明眼亮。

上述思维方式各有特质，需要综合巧妙运用，方能正确判断决策。不能过于谨慎不能善断，也不能冒然偏激而盲断。

第十一章 乐观的心态

思维的方式有很多种，我们数也数不清，凡事我们都要向前看，要保持一颗积极乐观的心态。

1. 以乐观创造幸福

一位哲人说过：生命或许是枯燥的，但乐观就是比血液更本质的水，是它滋润了我们的舌根和灵魂，是它浇灌着我们的生命之花，让我们的人生更加幸福。

还有什么会比乐观更简洁地使我们获得生命的彻悟？寻找你的乐观方式，就是使自己在痛苦中学会欣赏，在隐忍中学会微笑，在平淡中孕育奇伟；并让你在无垠的沙漠中留住心中的屋景，在呼啸而至的暴风雪中辨别出源自远古的天籁之声。乐观方式，是灵魂对肉体羁绊的挣脱，是灵魂考对无法抗拒的生死咏唱的欢歌。我们珍惜生命所从予的刻骨铭心的体验，但体验是不可替代的。你可能为他人所经历的苦难而感动，也可能为他人历经磨难后的彻悟而振奋，但这毕竟不能因此而缩短自身体验的过程。

克莱门特·斯通在讲述人该如何乐观地生活时，讲了一个故事：听说来了一个乐观者，于是，我去拜访他。他乐呵呵地请我坐下，笑呵呵地听我提问。假如你一个朋友也没有，你还会高兴么？我问。当然，我会高兴地想，幸亏我没有的是朋友，而不是我自己。假如你正行走路，突然掉进一个泥坑，出来后你成了一个脏兮兮的泥人，你还会快乐么？

当然，我会高兴地想，幸亏摔进的是一个泥坑，而不是无底洞。假如你被人莫名其妙地打了一顿，你还会高兴么？

当然，我会高兴地想，幸亏我只是被打了一顿，而没有被他们杀害。假如你在拔牙时，医生错拔了你的好牙而留下了患牙，你还高兴么？

当然，我会高兴地想，幸亏他错拔的只是一颗牙，而不是我的内脏。假如你正在熟睡时，忽然来了一个人，在你面前用极难听的嗓门唱歌，你还会高兴么？

当然，我会高兴地想，幸亏在这里嚎叫着的，是一个人，而不是一匹狼。

假如你的妻子背叛了你，你还会高兴么？当然，我会高兴地想，幸亏她背叛的只是我，而不是国家。

假如你马上就要失去生命，你还会高兴么？

当然，我会高兴地想，我终于高高兴兴地走完了人生之路，让我随着死神，高高兴兴地去参加另一个约会吧！

这么说，生活中没有什么能够令你感到悲哀的，生活永远是快乐组成的一连串乐符。

2. 敢于不断的去尝试

我们先来看一则有趣的故事：

有两只蚂蚁想翻越一段墙，想找那头的食物。一只蚂蚁来到墙脚就毫不犹豫地向上爬去，可是当它爬到大半时，就由于劳累、疲倦而跌落下来。可是它不气馁一次次跌下来，又迅速地调整一下自己，重新开始向上爬去。

另一只蚂蚁观察了一下，决定绕过去。很快地，这只蚂蚁绕过墙来到食物前，开始享受起来。

第一只蚂蚁仍在不停地落下去又重新开始，没有办法，只是说我们已知范围内的方法已经用尽，只要我们能够不断地去尝试新的事物、新的机会、新的方法，终会找到出路。

现实中有一些人经过很多次的努力尝试，还是没有达到他们理想中的状态时，他们就放弃了，又回到以前的那种状态，而采取了一种"认命"的态度。他们嘴上虽说心甘情愿了，心中却不能接受现实，人生的可悲就在于此。哪怕我们是掏大粪的，只要乐在其中，你的生命一样很精彩。

社会上70%的人都不满意目前的工作，既然如此，为什么不去改变？为什么还重复着同样的生活？难道不知道"重复旧的行为只能导致旧的结果"吗？也许他们会异口同声地告诉你："没有办法……'"不可能……"。难道真的是"不可能"吗？

只要敢于去尝试，一切皆有可能。只要你能不断地突破自己已知的范围，进入到未知的领域，不达目的誓不罢休，不断地去寻找新的解决方法。你就能够彻底改变命运。

到底如何才能有效地打破呢？答案再简单不过了，就是让自己开始去做一些你过去没有做过的事情，你过去不敢做的事情！

如果你还在自己已知的范围内、你熟悉的领域里打转的话，又怎么能够产生新的结果呢？别忘了："重复旧的行为只能得到旧的结果！"

这是一件非常有趣的事：

在你快要下班的时候，你的爱人打来电话："还记得今天是什么日子吗？"你突然想起今天是自己的生日。

"我和孩子都为你准备了生日庆典，让我们一起过一个快乐的生日，请你早点回家。"你十分高兴，下班后拾上公文包，高兴地赶回家。

在回家的路口，交通又队塞了，警察告诉你："此路禁止通行！"那你怎么办呢？当然是换一条路继续前进了，对不起，这条路因为房屋拆迁也被封住了，任何人都不允许从这里通过。

这时你会有三种选择：第一，放弃回家；第二，坐在一边等待道路重开；第三，换道，去找另一条路，如果你不放弃回家的话，如果你不放弃对幸福快乐的追求，你不会考虑第一和第二个选择，你还会集中精力去寻找另一条回家的路。可是真不走运，这条路又不能通行，那你可怎么办？

如果我们不放弃回家的念头，我们就肯定还会再继续找第四条路前进，如果第四条路刚巧因出车祸而封路我们就会去找第五条，如果第五条路也因暴雨而不能前行了，我们就会去找第六、第七和第八条路…直到回到家为止。

如果"回家"是你人生的最大目标，你就会一直尝试，不断地去寻找各种方法。也许爬回去，也许挖个地道钻过去……总之，你都不愿说："算了，没有办法，我就不回家了。"因为你知道，如果你不快点到家，你的另一半和孩子都在家中苦苦等待。

3. 练就进退自如的本领

人的心智是活的，可谓"条条道路通罗马"、"山重水复疑无路，柳暗花明又一村。"世间没有死胡同，那就要你如何去寻找出路。不让心老去，才不会让心灵荒芜，才不会无路可走。一扇门关上，另一扇门会打开。

世上没有过不去的坎，除非你自己不愿过去。在人生坎坷的旅途中，每个人应该把握进退自如的心志空间。让人从中找到一种自信的感觉。人，只有在良好的心境中才能更好地发挥自己的才智。善于面对坎坷，也要善于平和地面对幸福。在挫折与失败面前都要保持着进退自如的本领。

有两个工作不如意的年轻人，一同去拜望师父。"师父，我们在办公室被别人欺负，很生气，特向你请示，我们是否应该辞掉工作？"两个人一起问。

师父闭着眼睛，过了许久，才吐出五个字："不过一碗饭。"说完就挥挥手，示意年轻人退下了。

两人回到公司，一个人就辞职，准备回家种田。另一个人还是一如既往地工作。

时间过得真快，转眼10年过去了。回家种田的那个人科学经营，加上品种改良，居然成了农业专家。另外留在公司的那个人成了经理。他忍着气，努力工作，终于受到了老板的器重，有一天两个人又见面了。

农业专家说道："真是奇怪，师父给我们同样的'不过一碗饭'这五个字，我一听就明白了。不过一碗饭嘛，日子有什么难过？何必非得在公司？所以选择辞职。"另一个人笑着说道："师父说'不过一碗饭'，多受气，多受累，我只要想不过是为了混碗饭吃，老板说什么是什么，何必要生气和计较，师父不是这个意思吗？"

两个人又去拜望师父，师父已经年老体衰了。仍然闭着眼睛，沉默许久，答了五个字："不过一念间"然后挥挥手……

是的，人生也是一场赌局，最后的赢家是谁？谁也说不定。所有高明的赌徒都懂得这样一个道理：接二连三的好运气总是可疑的。当运气来得太快太猛时，它很可能将什么都摔得粉碎。命运女神总是在赋予我们成功的同时，悄悄掺和一些危险。同样的道理，在你遭受一连串厄运的时候，机遇也许就在身边，只要你善于发现，及时把握，厄运是可以让人变幸运的。

在一座古老的城市里，住着一位能预知未来的老人，据说他能回答任何人提出的任何问题。有个年轻人非常不服气，想愚弄这位老人。于是，他把一只小鸟藏在身后，问道："我手中的小鸟是活的还是死的呢？"

年轻人心想：如果老人说小鸟是活的，我就把它掐死；如果老人说是死的，我就松手让它飞掉，证明它是活的。"

老人凝神思索，然后对这位年轻人说："生命就掌握在你的手中！"

生活中，人们常常会遇到类似这样的两难抉择，很多人在"此"与"彼"中不断徘徊，结果发现无论如何选择都不能尽如人意，殊不知，身处被动的深渊，怎么挣扎也是枉然。

怎样将自己的心智空间超脱于所给的选项，既定的事实。或许你就会发现，很多看似棘手的问题，往往有完全可以为你所掌握的地方。就像这位老人，看似把决定权丢给了那位年轻人，而实则掌握主动的局面，进退完全由自己来定夺，不让任何困难和问题抵挡住你。

4. 提问的规则

第一种哲学方法是追问。虽然追问只是哲学的基本功，但并不简单，尽管每个人都会追问。却不见得都会正确地追问。通常有两类追问，不妨叫做"加式追问"和"减式追问"。

加式追问就是越问问题越多，不断地扩大和增加思考的范围和事物，就好像问题没完没了一样。每个人从很小的时候就已经学会这种加式追问，比如说，为什么要吃饭？因为要活，活着做什么？因为要工作。工作干吗？要赚钱，赚钱干什么？买饭吃……很多人都以错误的方式使用了加式追问，甚至包括一些哲学家也是如此。因此必须掌握好追问的分寸。

首先要知道为什么要追问。很显然，必定是因为有一些事情使我们不解，而用我们所具有的知识无法对它们做出令人满意的解释，于是就进一步追溯，力图发现尚未发现的某种隐藏着的，有点像警察破案的情况，比如说，当种种迹象表明有个死人不像是自杀，警察就会认为在某个地方隐藏着凶手，如果某个人被发现很可能是凶手，但又看不出有什么犯罪动机，警察就会相信一定在背后隐藏着惊人的秘密故事，万一最后发现其实没有什么惊人故事，那就只能是精神病了。总之，关键是我们愿意相信，事情总有一个背后的原因，问题总要有个解释。当我们认为存在着某种隐藏着的东西，这其实只是个假设，这种假设有可能对了，也可能错了，怎样证明我们的假设是对的还是错的？光有推理和想象是不够的，必须找到一些实实在在的证据。

在这里我们接触到了问题的关键。证据总是一些事实，事实本来就存在着，如果一个东西不存在，它就不是事实而只是头脑里的一个想法。如果所有事实都摆在面前，而我们对其中事实视而不见，那是我们自己的过错。但是，假如我们确实看清了事实，仍然无法解释心中的问题，我们就喜欢相信有些东西是"隐藏着的"，可是这非常可能是错误的。一个问题无法解释，有可能确实是因为有些秘密隐藏着，也有可能是我们自己提错了问题。我们不断追问。寻找问题的踪迹，以至于成为一个习惯，或者使命，即使已经没有踪迹，我们也会自己编造一些问题，对这些问题当然是不可能解答的。

维特根斯坦对此很清楚，他指出，如果一个问题是有意义的，它就必须能够有一个答案，而这个答案必定存在于事实之中，超出事实的范围去追问是无意义的。追问一旦越出了事实的范围就不会有答案，没有答案的追问就是无意义的胡追乱问。超出事实可能性的事情是做不成的，同样，无意义的追问也是想不成的。可是，无意义的追问虽然注定没有结果，但追问本身有一种诱惑力，无意义的问题堆积多了，感觉也好像是思想在不断深入发展，这种感觉很"哲学"。以至于哲学家有时也会忍不住陷入这种无意义的追问。比如说，通常所见的事物都有着原因，于是我们也就用因果观念去理解种种事物。哲学家进一步相信，每个事物都有原因，理由是，如果没有原因就无法理解事物的发生。

既然每个事物都有原因，自然就会想到事物之间有着很长的因果链条，顺着这个链条就能一步步去追问事物的根源。这个因果链条总该有一个开端，不然就不会出现这个链条，于是哲学家又推论出存在着一个"绝对原因"或叫做"自因"，就是说，那个作为开端的事物必须既是别的事物的总根源，又是自身的原因。否则就不是开端，而应该有更进一步的原因。这个"绝对原因"很像宗教里的上帝。这种追问在表面上看好像大大深化了思想，使思想海阔天空，但实际上却是非常可疑的：第一，"每个事物都有原因"这个前提永远都是一个可疑的假设。如果要证明这个前提，就必须能够考察每一个事物以求得证据，由于事物无穷多，所以永远也不可能考察完"每一个事物"，接下来所做的推理即使正确也不能保证是真的。第二，这套推理的结论是自相矛盾的。一方面，必须有一个绝对原因，否则不能解释万物的产生；另一方面，这个绝对原因又必须是自身的原因。这意味着，绝对原因在生出自己之前只能是不存在的，既然不存在，就不可能去生出自身。

诸如此类让人烦恼又让人着迷的问题创造了所谓的形而上学。如果不考虑一个问题是否有意义，那么，形而上学问题在纯粹思维上都是非常有趣的，而且想也想不完，不管想成什么样，都无所谓对，也无所谓错，这很容易让人乐不思蜀。不过，几乎所有的当代哲学家都知道这类追问是无解的，而且多数哲学家还认为这类问题不值得追问。但这并不表明形而上学没有思想价值，形而上学虽然缺乏真值，却另有价值，这要另当别论了。

5. 将心比心　推己及人

这是一个真实的故事，故事发生在非洲某个国家内。那个国家白人政府实施"种族隔离"政策，不允许黑皮肤人进入白人专用的公共场所。白人也不喜欢与黑人来往，认识他们是低贱的种族，避之惟恐不及。

有一天，有个长发的洋妞在沙滩上日光浴，由于过度疲劳，她睡着了。当她醒来时，太阳已经下山了。此时，她觉得肚子饿，便走进沙滩附近的一家餐馆。她推门而入，选了张靠窗的椅子坐下。她坐了约15分钟。没有侍者前来招待她。她看着那些招待员都忙着侍候比她来的还迟的顾客，对她则不屑一顾。

她顿时怒气满腔。想走向前去责问那些招待员。当她站起身来，正想向前时，眼前有一面大镜子。她看着镜中的自己，眼泪不由夺眶而出。原来，她已被太阳晒黑了。此时，她才真正体会到黑人被白人歧视的滋味！

我们每一个人做人和做事都是有选择性的。我们对于那些喜欢的、有共同语言的人会很亲切。我们很乐意和他们交往。而对那些性格与自己差异很大、价值观不同的人，我们就会有一种很自然的排斥心理。

在这里有必要重复孔圣人说的一句至理名言："己所不欲，勿施于人"。这句话道出了做人的真实意义。所谓"己所不欲，勿施于人"，就是用自己的心推及别人；自己希望怎样生活，就想到别人也会希望怎样生活；自己不在意别人怎样对待自己。就不要那样对待别人；自己希望在社会上能站得住，能通达，就也要帮助别人站得住，能通达。总之，从自己的内心出发，推及他人，去理解他人，对待他人。

古阿拉伯的那句谚语很经典地表述了这一观点。"播种一个行动，你会收到一个习惯；播种一个习惯，你会收到一个性格；播种一个性格，你会收到一个命运；播种一个善行，你会收到一个善果；播种一个恶行，你会收到一个恶果。不仅对于我们个人而言如此，对于整个社会，对于我们的现实世界来说，这种内在的因果关系也是存在着的。

在现实生活中，大家都希望得到对方的认可，希望和别人有直接、真诚的交流。但事实告诉我们，这些并不总是如你所愿。在发生冲突的时候，大多数人都会抱怨，认为是别人对自己不了解。其实我们首先要反思的是自己，我们到底做了什么？我们不公平地对待别人，别人也就不可能很公平地对待我们。我们希望别人应该是一个什么样的人，我们首先就应该把自己培养成那样的人。正所谓"种豆得豆，种瓜得瓜"，你的行为和思想，也一定会在别人的身上有所体现。在这一方面，郑板桥给人们树立了一个典范。

清代著名书画家郑板桥，52 岁才得一子，每天乐滋滋的，郑板桥喜欢自己的儿于自是不提，不过，他照样爱仆人家的儿女。他在山东沐县任县令时，给堂弟郑的家书中写道："家人（仆人）儿女，总是天地间一般，当一般爱惜，不可使香儿凌虐他！"当官的能够将仆人家的儿女与自己的凡子平等看待，在家书中千叮咛万嘱咐，不准自己的儿子欺侮他们，有东西大家一同分享。由此可见，一代画师真是德艺双全。几百年后，人们一直敬仰郑板桥的为人，不仅仅是因为他的画技高超，还由于他的人品高尚、郑板桥的仁爱之心，充满了与人为善、善解人意的道德修养。

"推己及人，这种替别人着想的道德情怀不仅在中国，在全世界也有着广泛的影响。据说国际红十字会总部里，就悬挂着孔子"己所不欲，勿施于人"的语录，体现了人类对美好生活的向往。

6. 为逆境干杯

著名作家刘墉在其《迎向风雨》的一篇文章中写道：对于风雨，逃避它，你只有被卷入洪流；迎向它，你却能获得生存！

我曾经因为有几个大学生登山迷途丧生，而访问某位登山专家。其中一个问题是："如果我们在半山腰，突然遇到大雨；应该怎么办？"

登山专家说："你应该向山顶走。""为什么不往山下跑？山顶风雨不是更大吗？"我怀疑地问。

"往山顶走，固然风雨可能更大，却不足以威胁你的生命。至于向山下跑，看来风雨小些，似乎比较安全，但却可能遇到暴发的山洪而被活活淹死。"登山专家严肃地说："对于风雨，逃避它，你只有被卷入洪流；迎向它，你却能获得生存！"

除了登山，在人生的战场上不也是如此吗？

一个人必须学会在逆境中成长！逆境固然会给人带来痛苦，但也能够使人有所收获，它既可以使人在工作中的缺点错误表露出来，又可以引发思考，启发人逐步走向康庄大道。对于逆境，需要学着在逆境当中重新站起来，当你重新站起来的时候，你就会发现，你与之前的你有所不同，毅志更为坚定，信心更加充足，也更加和胜利靠拢了。既然如此，逆境中你又何尝不往前多迈一步呢？往往是这一步，能造就人的一生。

许多成功者常常把一切的坎坷不幸看成是上天对他的磨炼，认为上天为了降大任于斯人，所以必先苦其心志……凭着这种想法可以激发自己的勇气，靠着顽强的毅力完成工作，或是作为情绪低落时的一种自我安慰。

意大利杰出的小提琴家帕格尼尼在监狱里自得其乐，用破旧的小提琴练琴和演奏。波兰伟大诗人密茨凯维支在牢房里构思诗作，在放逐途中创作著名的（十四行诗集）。人遭到挫折之后，把自己的情感和精力转移到有益的活动中去，从而将不良情绪导往比较崇高的方向，使其得到升华，这是最为积极的办法。采取升华这种积极的方式，就能像贝多芬说的一样"通过苦难，走向欢乐"。

卡耐基说："处在逆境时，有的人会为了想脱离逆境而奋斗，有的人却会为了无法克服逆境而堕落下去。当然，能成功的一定是前者，自暴自弃毁灭自己的则是后者。"

人可以说是环境的"产物"，人的性格也并非天生就如此，而是要看出生以后的环境如何影响他。有人说，能考上名牌大学的人都是因为教育环境好的缘故。但人也是可以发挥主观能动性，创造条件，最后冲破不利环境的。不管环境如何，我们都不应该怨天尤人。凡事应该积极奋斗，否则会被环境压迫而无法成功，人的意志也容易消沉。最重要的还是，越处于逆境之中越要有想挣脱出来的这种强烈意志。

成功并不是最美的，最美的是突破逆境中的那种精神。成功只是努力的一个成果而已。

微笑，送给打击你最深的人，告诉他，你没有被打倒，而且活得很好。

微笑，送给打击你最深的人，感谢他的栽培与滋养，让你能活得更有勇气和智能。

向逆境干杯，你也会一笑而过，当你走出逆境时，你会更有力量，精神更加饱满。

7. 超越自己胜过打败别人

不知何时，派生出了这样的话：战胜自己就是最大的胜利；真正的认识自己，已经向成功迈进了一半；战胜自我就等于战胜了对手……其实这些话并不无道理。

战胜自己是成功环节中不可缺少的。我们知道：成功有两个重要的条件：一是坚定，二是忍耐。通常人们最信任的人就是那些意志最坚定的人。意志坚定的人也会遇到困难，碰到障碍和挫折，但即使他失败，也不会败得一塌糊涂、败得一蹶不振。我们经常听到别人问这样的话："那个人还在奋斗吗?"这也就是说："那个人对前途还没有绝望吧?"唯有坚韧不拔之志才能战胜任何困难。一个意志坚强的人，任何人都会相信他，会对他给予全部的信任；一个有坚强意志的人，到处都会获得别人的帮助。那种做事三心二意、没有干劲和毅力的人，没人愿意信任他或支持他，因为大家都知道他做事不可靠，随时都会面临失败。

著名影星成龙说："没有人会随便成功，人生就是不断自我超越。人生最大的挑战就是挑战自己。"

美国硬汉、作家海明威断言："真正的英雄可以被消灭，但是决不会被打败!"

人生，本身就是一场明知会败给时间，却仍旧不停息的抗争过程!乔丹的第二次勇敢地复出，向心存疑虑的人们发出了诘问。

在美国，从政坛到娱乐场，从娱乐场再到体坛，复出是一个永恒的话题，有人为了制造轰动，有人为了打发时光，更多的人则是为了金钱……可是，乔丹不是为了金钱。

那乔丹复出究竟是为了什么？对于拥有强烈竞争意识的乔丹来说，挑战自我已经成为了他的一种生活方式。选择复出是他体验生命、实现自我的必然途径。作为篮球运动员，他曾经创造了篮球场上"飞人"的真实神话，他甚至几乎"击活"了"地心引力"。现在，乔丹要证实自己同样能击败时间!

不服输是乔丹的性格,而性格决定一个人的命运。一个敢于挑战自己的人就是最强大的人,这样的人永远不会输。

是的,人生最大的敌人是自己。挑战是一种动力,敢于挑战自我是一种无畏精神。我们无所畏惧,唯一畏惧就是畏惧自己,所以战胜了自我就征服了一切。

挑战自我是一种手段,它最终的目的是让自己不断从挑战中发现自己、完善自己、超越自己。

在这个时代,我们都要参与竞争。而且要满怀快乐的心情。同时也要明白,超越别人远远没有超越自己更重要。从内心挑战自我是我们生命力量的源泉。圣女贞德说过:"所有战斗的胜负首先在自我的心里见分晓。"人生短暂,只在原地踏步的人永远体会不到人生的乐趣。只有勇敢的挑战自己,才能让短暂的人生绽放出最绚丽的花朵。

8. 逼自己一把

如果你自己不逼自己,这个世界就会变着法儿地逼你。做人难就难在这里。

但是人如果想什么就来什么,要什么就能得到什么,恐怕这个世界就得处于休眠状态,那么以不变应万变也就成了人们最佳的行为方式了。

谁愿意没事干逼着自己绞尽脑汁精疲力竭时刻准备背水一战?逼自己一把,不管最后的结果怎样令人吃惊,你都能荣辱不惊,心安理得,因为你已逼了自己一把。你真要逼了自己一把,那世界也许还会帮你一把。

海伦·凯勒在一岁多的时候，因为生病，从此眼睛再也看不见外面的世界，而且又聋又哑。由于这些原因，海伦的脾气变得异常暴躁，动不动就发脾气摔东西。她家里人再也看不过去，便替她请来一位很有耐心的家庭教师苏丽文小姐。海伦在她的熏陶和教育下，逐渐改变了。她利用仅有的触觉、味觉和嗅觉来认识四周的环境，努力充实自己，后来更进一步坚持学习写作。几年以后，当她的第一本著作《我的一生》出版时，立即轰动了全美国。

在她的《假如给我三天光明》一文中，更是表达出了她的坚强、乐观和向上的精神，而这一切都该归功于她对生活的认识。

当把失明仅仅当作一种压力的时候，她痛苦心烦，所以她不能真正面对生活；当她逼着自己把压力化作动力的时候，生活就选择了她。

曾经发生过这样一个故事：在浩瀚的大海上，一艘货轮卸完货后正在返航当中，突然巨大风狂扫而来。惊慌失措的水手们，急得像热锅上的蚂蚁。

老船长果断下令："打开所有货仓，立刻往里面灌水。"水手们时此议论纷纷："这不是险上加险，自寻死路吗？"

船长镇定地说："大家见过根深干粗的树被暴风刮倒过吗？被刮倒的是没有根基的小树。"

水手们半信半疑地照着做了。虽然暴风巨浪仍旧那么猛烈，但随着货仓里的水越来越满，货轮渐渐地平稳了。

船长欣慰地告诉那些松了一口气的水手："一只空木桶，是很容易被风打翻的，如果装满水负重了，风是吹不倒的。在船上负重的时候，是最安全的时候，空船时，才是最危险的时候。"其实每个人都是一只在时代的海洋中航行的船，面临的各种压力就是每个人的负担，这些压力虽然有时会令你疲累、烦躁，但它同时也是保证你前进的动力，若没有这些压力，你就很容易被时代的波浪打翻。

逼自己一把，就是一种保证自己前进的压力，倘若人不能承受住这份压力，就无法装下整个世界，无法让人生一次次的腾飞，无法享受生命的每一份甜美。

美国学者爱默生说："永远做你害怕的事！"毕业于哈佛大学的美国哲学家詹姆斯也说："你应该每一两天做一些你不想做的事。"这两句话讲的都是同一个永恒不灭的真理，它是人生进步的基础和上升的阶梯。

有一句名言与他们的观点相同："容易走的都是下坡路。"的确，谁不想安安稳稳地走完人生之路，谁愿意累死累活地跟自己过不去呢？可是，如果不这样，我们就不可能进步。

让自己进步的方法很多，"每天做点困难的事"，就是"逼"自己进步的办法之一。如果你是一位营销人员，但是当众演讲又是你最发憷的事情，那你就每天"逼"自己对着镜子练习讲话；如果你是一位公关人员，但一是你恰巧又是一个内向的人，就每天"逼"自己主动与主要的业务伙伴联系，或是打电话，或是发 E — mail，或是相约见面；如果你从中学时就讨厌学外语，可是你又想获得硕士学位，那就不得不硬着头皮，每天"逼"自己练习听力、复习语法，再一口气做完一套模拟试题……有时，我们真正需要逼自己一把，这样我们才能引爆自身内在的潜能，让我们成为想成为之人，成就想成就之事！

9. 生活在巨大的希望中

曾经有人说过："你若不跨出第一步，就无法踏出第二步，这是一种带有希望的信念！"希望就是一切。你对人生的态度，将是你获得胜利的正要因素。

有位秀才第三次进京赶考，还是住在一个熟悉的店里。就在考试的前两天，他做了两个梦：第一个梦是梦到自己在山上种白菜；第二个梦是下雨天，他找了斗笠还打伞。这两个梦很有玄妙，秀才殷切地想听算命先生如何来解梦。算命人听了他的梦，连拍大腿说："我劝你还是回家吧。你想想，高山上种菜不是白忙一场吗？戴斗笠还打雨伞不是多此一举吗？"

秀才一听，心灰意冷，准备收拾好包袱回家。店老板很惊讶，忙问道："你明天不是要考试吗，还没考你怎么就回乡了？"秀才道明原委，店老板笑着说："哟，我也会解梦的。我觉得，你一定要留下来考试。你想想，山上种菜不是高中吗？戴斗笠打伞不是说明你这次有备无患吗？"秀才一听，觉得很有道理，于是精神振奋地参加考试，居然中了个探花。

有一位名人曾说："人生不能无希望，所有的人都是生活在希望当中的。假如真的有人是生活在无望的人生当中，那么他只能是败者，他是做不成事的。"

哀，莫大于心死；老，莫过于意倦。有希望的阳光照耀着的人，精神充满活力，虽然生命衰老了，但是，心不死，意不倦，满头白发，不是凋零的枯叶，而是盛开的生命之花。人生漫漫，荆棘丛生。倘人人皆能在心中埋下一颗希望和梦想的种子，人生必将变为充实和富有；

倘能馈赠他人以一线希望之灯，这世间岂不多出许多光明和美丽的风景？

亚历山大大帝给希腊世界和东方的世界带来了文化的大触合，开辟了一条先河，出现在的丝绸之路的富饶世界。据说他投入了自己的全部时力，在出发远征波斯之时，他把所有的财产分给了臣民。因为在征伐波斯的漫长征途之中，必须要买进各种军备品和生活用品，所以需要一大笔资金，但他把自己所拥有的珠宝和土地，几乎全部都给臣子分配光了。大臣庇尔狄迎斯感到很惊讶，就问亚历山大："陛下带什么启程呢？"亚历山大回答说："我只有一个至宝，那就是'希望'。"庇尔狄迎斯听了这个回答以后说："那么请允许我们也来分享它吧！"于是他谢绝了分配给他的财产。而且臣子中的许多人也仿效了他的做法。

保持"希望"的人生是有力的，失掉"希望"的人生，则通向失败之路；"希望'是人生的力量，在心中一直抱着美"梦"的人是幸福的。也可以说抱有"希望"活下去，是只有人才被斌予的特权，只有人，才由其自身产生出面向未来的希望之"光"，才能创造自己的人生。

希望实际上是一种使命。你不妨把感情分作两半，一半留给自己，一半寄给希望；你不妨把思想分作两半一半注入现实，一半汇入理想；你不妨把智慧分作两半，一半用来算账，一半用来想象；你不妨把时间分作两半，一半闭上眼睛做梦，一半睁开眼盼重复做过的梦。

隧道的尽头必定是光明的出口，这个出口对于走进隧道的人，就是希望。怕就怕步入无边的黑洞，你以为前面自有光明，可是光明永远不会出现。

也就是说，有的希望会毁灭人的一生。真正辉煌的人生就该有这么一个光彩照人的尾声。意大利诗人但丁说过这么一句话："我们唯一的悲哀是生活在愿望当中而没有希望。"

诗人为什么把愿望和希望绝然分开呢？因为在他眼中，愿望只是一般层次的心理需求，而希望则是愿望的延伸和升华。

为了巨大希望而活下去的人，肯定会生出勇气，不怕困难；肯定会激发出巨大的激情，闪烁出洞察现实的睿智之光。与时俱增、终生怀有希望的人，才是具有最高信念的人，才会成为人生的胜利者。

10．独　处

托尔斯泰在谈到独处和交往的区别时说："你要使自己的理性适合整体，适合一切的源，而不是适合部分，不是适合人群。"说得好。

对于一个人来说，独处和交往均属必需。但是，独处更本质，因为在独处时，人是直接面对世界的整体，面对万物之源的。相反，在交往时，人却只是面对部分，面对过程的片断。人群聚集之处，只有凡人琐事，过眼烟云，没有上帝和永恒。

也许可以说，独处是时间性的，交往是空间性的。

每逢节日，独自在灯下，心中就有一种非常浓郁的寂寞，浓郁得无可排遣，自斟自饮生命的酒，别有一番酩酊。

人生作为过程总要逝去，似乎哪种活法都一个样。但就是不一样。我需要一种内在的沉静，可以以逸待劳地接收和整理一切外来印象。这样，我才觉得自己具有一种连续性和完整性。当我被过于纷繁的外部生活搅得不复安宁时，我就断裂了，破碎了，因而也就失去了吸收消化外来印象的能力。世界是我的食物。人只用少量时间进食，大部分时间在消化。独处就是我消化世界。

活动和沉思，哪一种生活更好？

有时候，我渴望活动，漫游，交往，恋爱，冒险，成功。如果没有充分尝试生命的种种可能性就离开人世，未免太遗憾了。但是，我知道，我的天性更适合于过沉思的生活。我必须休养我的这颗自足的心灵，唯有带着这颗心灵去活动，我才心安理得并且确有收获。

如果没有好胃口，天天吃宴席有什么乐趣？如果没有好的感受力，频频周游世界有什么意思？反之，天天吃宴席的人怎么会有好胃口，频频周游世界的人怎么会有好的感受力？

心灵和胃一样，需要休息和复原。独处和沉思便是心灵的休养方式。当心灵因充分休息而饱满，又因久不活动而饥渴时，它就能最敏锐地品味新的印象。所以，问题不在于两者择一。高质量的活动和高质量的宁静都需要，而后者实为前者的前提。

我天性不宜交际。在多数场合，我不是觉得对方乏味，就是害怕对方觉得我乏味。可是我既不愿忍受对方的乏味，也不愿费劲使自己显得有趣，那都太累了。我独处时最轻松，因为我不觉得自己乏味，即使乏味，也自己承受，不累及他人，无需感到不安。

这么好的夜晚，宁静，孤独，精力充沛，无论做什么，都觉得可惜了，糟蹋了。我什么也不做，只是坐在灯前，吸着烟……

我从我的真朋友和假朋友那里抽身出来，回到了我自己。只有我自己。

这样的时候是非常好的。没有爱，没有怨，没有激动，没有烦恼，可是依然强烈地感觉到自己的生存，感到充实。这样的感觉是非常好的。一个夜晚就这么过去了。可是我仍然不想睡觉。这是这样的一种时候，什么也不想做，包括睡觉。

有的人只有在沸腾的交往中才能辨认他的自我。有的人却只有在宁静的独处中才能辨认他的自我。

没有自己独居的处所是多么可怕的事，一切都暴露无遗了。在群居中，人不得不掩饰和压抑自己的个性。在别人目光的注视下，谁还能坐在那里恬然沉思，捕捉和记录自己的细微感受。住宅危机导致了诗和哲学的生态危机。

有时需要暂停一下，刺激和回应之间，仍然有空间存在。在这片空间里，我们有自由、有力量，去选择如何回应。在我们的回应当中，蕴藏着成长和自由。

昨天晚上，我在公司加班，头儿坚持要按他的讲话内容编制工作计划，我"按图索骥"很不耐烦地写着。这时我接到妻子的电话："你在做什么？"她不耐烦地问，"你知道我们家今天晚上请客，你到底在哪里？"她生气了。

听到她的问话，我硬邦邦地答道："是你约了这些人来吃饭，别怪到我头上。我要加班，你自己去想办法照应，我把事做完了自然会回来。"

挂上电话，走回办公桌旁，我突然明白，刚才我对妻子的回应完全是消极被动的，语气也是冷冰冰的。她的问题合情合理，她的处境十分尴尬：客人期望我出现，我却不在场。我不但不体谅她，反而做出鲁莽的回答，而这个答复无疑将使问题更加严重。

我反省了自己，认识到自己犯了错。其实我内心不想这样对待妻子，不愿我们之间出现这种不愉快的感觉。如果我有不同的表现；如果我更有耐心、更了解、更体谅她；如果我的出发点是爱护她，而非在那种环境下对她发脾气，结果会大不相同。

问题在于当时我没有想到这一点，我的反应只是出于那一刻的感受，我深陷在当时情景所导致的情绪里。这些情绪是如此强烈，使我看不到内心真正想做的事。

幸运的是，我迅速地完成了工作。回家的路上，我心里想的全是妻子和她的客人。到了家，客人已经离去，我围着妻子连说几声对不起。很快她的气就消了，就这样，我心中的疙瘩也没了。

我们很容易做出直接的反应，你是否也一样？有时你跳不出当时的情绪，说了不该说的话，做了不该做的事，你想"只要我当时停下来想一想，我就不会有那种反应，不会那样做"。

人们若能依据内心深处的价值观做出回应，而非刹那的情绪或情境，家庭生活必会更加美满。我们都需要一个"暂停按钮"，让我们在事发与回应之间迅速按下，暂时定格，选择自己的回应方式。

我们可以发展"暂停"的功能，也能让家人学会"暂停"。